专业户健康高效养殖技术丛书

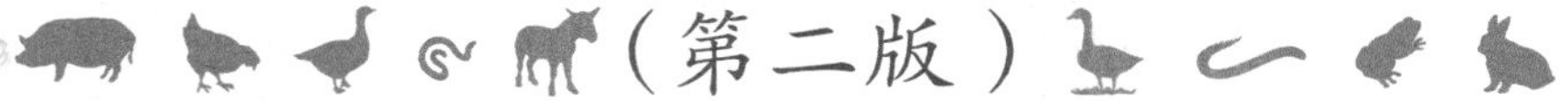

蟾蜍养殖关键技术精解

杨菲菲　李顺才　主编

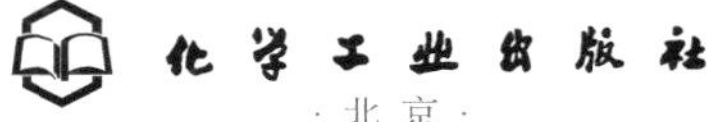

·北京·

内 容 简 介

蟾蜍是一种经济价值较高的动物。人工养殖蟾蜍，成本低，收效高，技术简单易掌握，是一个科学致富的好途径。本书在介绍国内蟾蜍养殖常见种类及其生物学特性的基础上，系统讲解了蟾蜍的养殖场建造、生产设备设施、营养需要及饵料培育、人工繁殖及苗种培育、投喂、饲养管理、常见疾病防治以及蟾蜍产品的采集加工等主要生产环节和关键技术，具有较强的科学性和实践指导作用，可供广大蟾蜍养殖户、相关生产技术人员以及相关专业师生参考使用。

图书在版编目（CIP）数据

蟾蜍养殖关键技术精解/杨菲菲，李顺才主编. —2版. —北京：化学工业出版社，2020.11（2025.5重印）
（专业户健康高效养殖技术丛书）
ISBN 978-7-122-37776-0

Ⅰ.①蟾… Ⅱ.①杨…②李… Ⅲ.①蟾蜍科-淡水养殖 Ⅳ.①S966.3

中国版本图书馆CIP数据核字（2020）第180046号

责任编辑：刘亚军　　文字编辑：林　丹
责任校对：宋　玮　　装帧设计：张　辉

出版发行：化学工业出版社（北京市东城区青年湖南街13号　邮政编码100011）
印　　装：北京天宇星印刷厂
850mm×1168mm　1/32　印张6½　字数171千字
2025年5月北京第2版第3次印刷

购书咨询：010-64518888　　售后服务：010-64518899
网　　址：http://www.cip.com.cn
凡购买本书，如有缺损质量问题，本社销售中心负责调换。

定　价：29.00元

本书编写人员名单

主　　编　杨菲菲　李顺才

副主编　熊家军　陶双能

参　　编　吴桂香　肖　锋　曾德芳

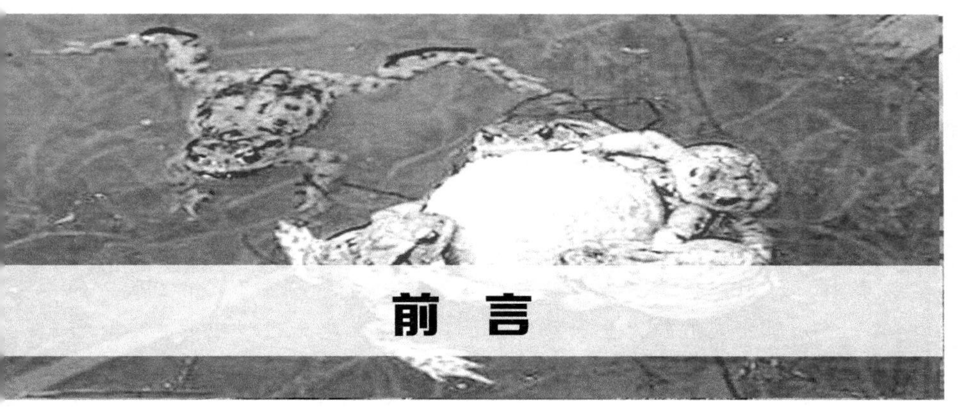

前言

蟾蜍是一种经济价值相当高的药用动物。它不仅是捕食害虫的能手，还能向人类提供治病良药，又是营养丰富的可食用动物，其肉质比青蛙还细嫩鲜美。从蟾蜍身上采集到的蟾酥、蟾衣，均具有很高的医药价值。蟾酥是用蟾蜍的头部耳后腺和背部皮肤腺分泌的白色乳浆干制加工而成，是我国传统的名贵药材，六神丸、梅花点舌丸、季德胜蛇药、蟾力苏等数十种中成药都含有蟾酥成分。近年来，环境污染使野生蟾蜍越来越少，但蟾蜍应用范围日益扩大，其中国内外对蟾酥的需求量日益增加。人工养殖蟾蜍，是成本低、收效高、技术简单、容易掌握的致富好项目。

蟾蜍在我国分布广泛，以往野外很容易抓到野生蟾蜍，但现在农药和化肥的普遍使用，致使野生蟾蜍生活环境受到严重破坏，数量锐减，已经不能满足医药用途，因此人工养殖蟾蜍势在必行。虽然蟾蜍对栖息环境要求不高，养殖也比较简单，但也必须用科学技术指导生产才能成功。部分蟾蜍养殖场养殖失败，大多是不尊重科学、不善于管理造成的。在进行蟾蜍规模化养殖前，必须进行科学的市场调查研究，认真分析和考证蟾蜍的养殖前景，学习人工养殖技术，了解蟾蜍产品的销路、价格等，只有准备充分、掌握技术、管理得当，蟾蜍养殖才容易获得成功。

在兴办蟾蜍养殖场前，要认真选择场地，购置或者培育蟾蜍饵料，准备好养殖场必需的设备设施、药品、水电费等。蟾蜍饲养时，饵料一般占养殖生产成本很大的比例，有效降低饵料费用的措施是根据当地条件，开发各种饵料资源，特别是蛋白质饵料。蟾蜍的产品价格是随着市场需求量与生产规模的变化而变化的，作为生产和投资，应抓住时机，占领市场，以获得收益。

为适应蟾蜍养殖生产的需要，我们编写了《蟾蜍养殖关键技术精解》一书，作为“专业户健康高效养殖技术丛书”（第二版）的一个分册。全书较为全面系统地介绍了蟾蜍生产过程中的主要环节及关键技术，具有较强的实用性和可操作性。其内容主要包括蟾蜍养殖场的建造与生产设备、蟾蜍的生物学特征、常见人工养殖蟾蜍品种、蟾蜍的饵料及活体饵料培育、蟾蜍的人工繁殖、蟾蜍的饲养和管理、蟾蜍产品的采集加工、蟾蜍疾病防治等，可供广大蟾蜍养殖户、相关生产技术人员、技术服务人员以及相关专业师生参考使用。

在本书编写过程中，参考了一些相关资料，在此向有关文献的作者表示诚挚的谢意。限于水平和经验，缺点和疏漏之处在所难免，欢迎广大读者批评指正。

编者

2020 年 11 月

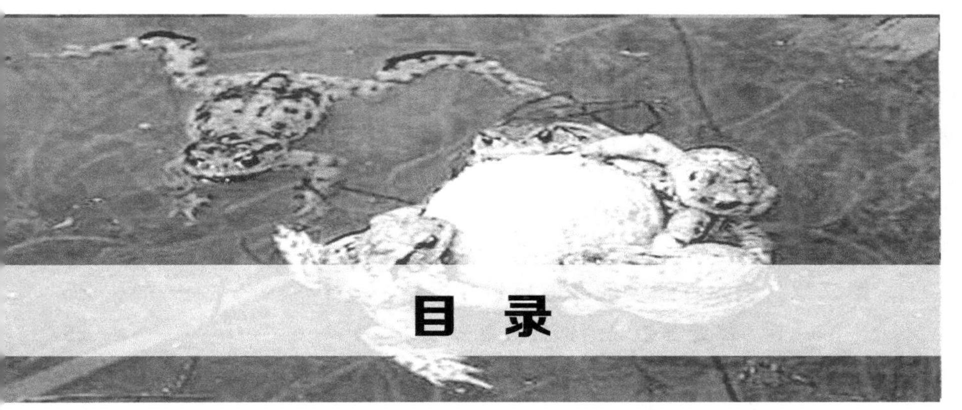

目 录

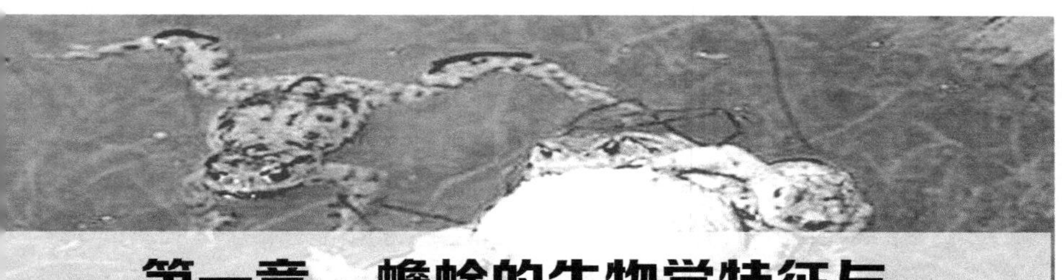

第一章　蟾蜍的生物学特征与常见人工养殖品种

第一节　概述

蟾蜍，俗称癞蛤蟆、癞刺、癞疙宝、癞团等，是两栖纲、无尾目、蟾蜍科动物的总称。蟾蜍不仅是捕食害虫的田园卫士，还能向人们提供治病的良药，是经济价值较高的特种动物。近年来，环境污染严重、建设开发等原因造成生态平衡破坏，蟾蜍适宜栖息地日益减少；市场对蟾蜍产品需求量日益增加，造成野生蟾蜍捕捉量远远超过其繁殖量，使得野生蟾蜍自然资源显著减少。目前，虽然有小规模的人工养殖，但远远不能满足市场对蟾蜍产品日益增长的需要。所以，大力发展蟾蜍的人工养殖，扩大养殖规模，将会获得很好的经济效益和生态效益。蟾蜍的人工养殖是一项成本低、收效高、技术简单、容易掌握的新兴养殖业，其前景十分广阔。

一、蟾蜍是名贵的药用动物

蟾蜍是一种药用价值相当高的经济动物，从其身上可采集到蟾酥、干蟾、蟾衣、蟾蜕、蟾头、蟾舌、蟾肝、蟾胆等具有很高医药价值的中药材。《神农本草经》中有关于大蟾蜍的性味、归经和主治等方面的记载。

蟾酥是用蟾蜍的头部耳后腺和背部皮肤腺分泌的白色乳浆加工干制而成的名贵中药材，具有强心利尿、兴奋呼吸、消肿开窍、解毒治病、麻醉止痛等功效，以蟾酥为主要成分制作的中成药在我国有100余种，如驰名中外的“六神丸”“梅花点舌丸”“季德胜蛇药”“蟾力苏”等。近年来的研究还发现，蟾酥具有一定的抗癌作用。蟾酥在国外也备受青睐：日本医生认为蟾酥是治疗皮肤病的有效外用药，德国已将蟾酥制剂用于临床治疗冠心病，朝鲜则将其用于治疗肿瘤。我国生产的蟾酥在国际市场上声望极高，每年出口5000多斤，可换得巨额外汇。由于对蟾酥需求的日益增加，国内收购量目前仅及需要量的一半，因此，我国将蟾酥列入重点保护中药材品种名录。

将蟾蜍除去内脏干燥后，即制成干蟾，具有消肿解毒、止痛、利尿的功效，可治小儿疳积、慢性气管炎、咽喉肿痛、痈肿疮毒等症。近年来，干蟾用于多种癌肿，或配合化疗、放疗，不仅能提高疗效，还能减轻不良反应、改善血象。

蟾衣是蟾蜍自然脱下的角质衣膜，为我国近年来研究发现的新的动物源中药材，具有清热解毒、消肿止痛、镇静、利尿等功效，对慢性肝病、多种癌症、慢性气管炎、腹水、疮痈肿毒等有较好的疗效。

二、蟾蜍是农作物害虫的天敌

蟾蜍是农作物害虫的天敌，是捕捉害虫的能手。据研究，蟾蜍捕食蚜虫、大螟、二化螟、金龟子等农作物害虫，而且它的胃口比青蛙大，食谱也较广，凡是破坏庄稼的害虫它都吃。夏秋季节，蟾蜍更是忙碌不停地捕捉蚊虫。据观察，平均每只蟾蜍一夜之间可消灭害虫100多只，比青蛙高1～2倍。

三、蟾蜍是常用的医学实验动物

由于蟾蜍取材方便，常用于各种医学实验，特别是在生理、药理学实验中更为常用。蟾蜍的心脏在离体情况下仍可有节奏地搏动很久，常用来研究心脏的生理功能、药物对心脏的作用等。蟾蜍的腓肠肌和坐骨神经可以用来研究外周神经的生理功能，以及药物对外周神经、横纹肌或神经肌肉接头的作用。蟾蜍的细胞较哺乳类动物的细胞大得多，常用于观察细胞形态的实验。蟾蜍还常用来做脊髓休克、脊髓反射和反射弧的分析实验，肠系膜上的血管现象和渗出现象实验。也常利用蟾蜍下肢血管灌注方法进行肾上腺素和乙酰胆碱等药物对血管作用的实验等。蟾蜍还用于比较发育、移植免疫学、肢体再生、毒物和致畸胎药物筛选、内分泌及激素测定以及肿瘤学等研究。在临床检验工作中，还可用雄蟾做妊娠诊断实验。

第二节　蟾蜍的分布与形态特征

一、蟾蜍的分类与分布

蟾蜍是脊索动物门、脊椎动物亚门、两栖纲、无尾目、蟾蜍科动物的总称。世界上，蟾蜍科动物现有 24～31 属、340～360 种，分布于除了马达加斯加、波利尼西亚和两极以外的世界各地区。我国大陆已知有 2 属、16 种（亚种），遍布全国各地。其中，中华大蟾蜍除了新疆、西藏和海南外全国均有分布，黑眶蟾蜍主要分布在我国黄河以南地区，花背蟾蜍主要分布在长江以北的东北、华北、西北等地区。人们养殖较多的，具有较高经济价值的主要也是中华大蟾蜍、黑眶蟾蜍、花背蟾蜍等。

二、蟾蜍的外形特征与解剖学特征

（一）外形特征

蟾蜍的外形和青蛙相似，而体形较青蛙大，不同种类的蟾蜍体形大小不一样。中华大蟾蜍一般体长在 10 厘米以上，体粗壮，雌性体形较雄性大。躯体无明显颈部，可分为头、躯干、四肢三部分。头部宽短，顶部光滑；吻端厚而圆，口裂大而深，具明显的吻棱；两个具有瓣膜的外鼻孔位于上颌前端。位于口腔底部的舌可自由翻出捕食，雄性无声囊。一对大而突出的眼睛位于头部两侧，具上下眼睑，下眼睑向上覆盖眼球，连接薄而透明的瞬膜，眼球外突，对运动的物体较为敏感。鼻间距较眼间距小；耳位于头部两侧，鼓膜呈圆形；耳后腺大而长，位于眼和鼓膜的后方，是分泌蟾酥的主要腺体。蟾蜍躯干粗短，皮肤粗糙，背部呈黑绿色，体侧有浅色的斑纹，腹部有棕色或黑色的花斑，背部及体侧分布有疣粒，大小不等，雌性体色较浅。附肢两对，前肢长而粗壮，指稍扁而略具缘膜，成年雄性蟾蜍前肢拇指内侧有发达的“肉垫”，称为“婚瘤”或“婚垫”，生殖季节用以抱持雌蟾蜍。后肢短粗，宜于匍行，疣粒大而明显，趾扁，趾侧缘膜在基部相连形成半蹼。后肢是蟾蜍进行跳跃、游泳等运动的主要器官。

（二）解剖学特征

1. 皮肤及皮肤衍生物

蟾蜍体表极粗糙，有大小不等的圆形瘰疣。蟾蜍的皮肤（图1-1）由真皮和表皮两部分组成，真皮底部有皮下结缔组织，并以此与体肌疏松相连。

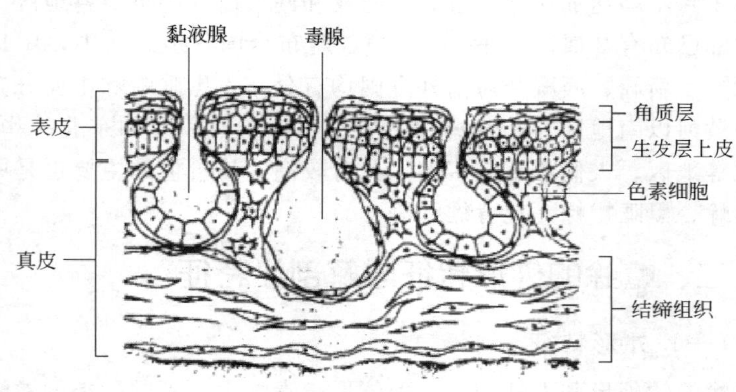

图 1-1　蟾蜍的皮肤

蟾蜍的表皮是皮肤的最外层，含有多层细胞，最内层是由柱状细胞构成的生发层。生发层有很强的细胞分裂能力，不断产生新细胞向上推移。生发层外侧的细胞逐渐变得扁平，最外层细胞有轻微角质化，称为角质层。角质层约有 1～2 层细胞，角质化程度不深，细胞有核存在，为活细胞。角质层可在一定程度上防止水分蒸发

（蟾蜍头、背、疣粒处角质化明显）。在脑下垂体和甲状腺控制下，蟾蜍角质化表皮定期从皮肤表面脱落，由下边的细胞形成新的角质层，这就是蟾蜍蜕皮现象的发生原因。蟾蜍表皮中含有丰富的黏液腺。黏液腺是由多细胞构成的泡状腺。黏液腺的分泌部下陷到真皮中，外围肌肉层，有管道通皮肤表面。黏液腺分泌黏液使皮肤保持湿润，有利于皮肤呼吸、调节体温。位于蟾蜍眼后的耳后腺（图1-2）和皮肤中的毒腺，一般认为是由黏液腺转变而来，能分泌白色（中华大蟾蜍、黑眶蟾蜍）、紫红色（盘舌蟾）或黄色（花背蟾蜍）乳状液的毒浆，内含华蟾毒、华蟾毒素、华蟾毒精等多种有毒成分，对食肉动物的舌和口腔黏膜有强烈的涩味刺激，因而具有防御作用。中华大蟾蜍、黑眶蟾蜍等耳后腺分泌物加工后为名贵中药材蟾酥。

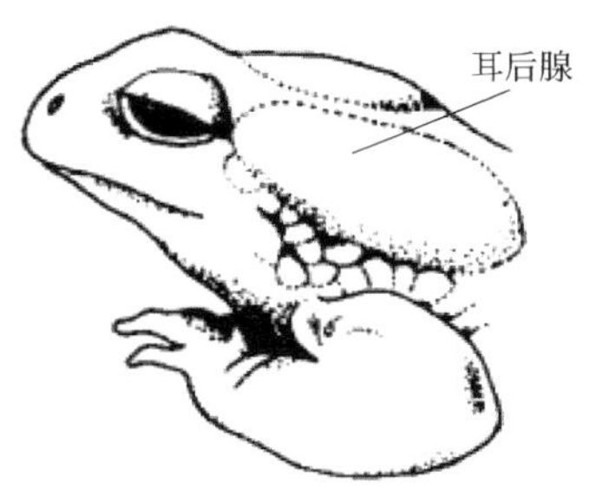

图 1-2　耳后腺

蟾蜍的真皮厚，位于表皮下方，也分两层：外层由疏松结缔组织构成，称为疏松层，疏松层紧贴表皮层，其间分布着大量的黏液腺、神经末梢和血管；内层为致密层，含有致密结缔组织。

此外，在表皮和真皮中还有成层分布的各种色素细胞，不同的色素细胞相互搭配，是构成蟾蜍体色和色纹的基础。

2. 骨骼系统

蟾蜍的骨骼系统由中轴骨骼（包括头骨和脊柱）和附肢骨骼组成。

（1）头骨　蟾蜍的头骨扁而宽，脑腔狭小，无眶间隔，脑颅属于平颅型。

（2）脊柱　蟾蜍的脊柱由 1 枚颈椎、7 枚躯椎、1 枚骶椎和 1 个尾杆骨（由若干尾椎骨愈合成的一细长棒状骨）组成。

（3）肩带、胸骨和前肢骨　蟾蜍肩带呈半环形，左右对称。肩带由肩胛骨、乌喙骨、上乌喙骨、锁骨组成。肩带与前肢连接处形成肩臼。蟾蜍的左右上乌喙骨呈弧状并互相重叠，可以活动，称弧胸型。蟾蜍胸骨位于胸部的腹中线上。蟾蜍前肢骨包括肱骨、桡尺骨、腕骨、掌骨、指骨等。

（4）腰带和后肢骨　腰带是蟾蜍后肢的支架，由髂骨、坐骨和耻骨构成，三骨愈合处的两外侧面各形成一凹窝，称髋臼，与股骨相关节。腰带的后部中间与尾杆骨相连。蟾蜍后肢骨包括股骨、胫腓骨、跗骨、跖骨、趾骨等。

3. 肌肉系统

蟾蜍登陆后运动复杂化，其肌肉系统有以下特点：①原始肌肉分节现象已不明显，肌隔消失，大部分肌节愈合并经过移位，分化成许多形状、功能各异的肌肉；②附肢肌由于运动的多样性而更为发达。

4. 消化系统

蟾蜍的消化系统由消化道、消化腺组成。

（1）消化道　包括口咽腔、食道、胃、小肠、泄殖腔和肛门（泄殖孔）。蟾蜍口宽大，由上下颌构成，口角向后开至鼓膜下方，口内为口腔，与咽部无明显界限，统称为口咽腔（图 1-3）。蟾蜍无齿。舌肌肉质，位于口咽腔底部前端，舌尖游离，蛙类的舌有深浅不同的分叉，而蟾蜍的舌无分叉。舌富含黏液腺，可翻出口腔外粘捕昆虫。内鼻孔一对，位于腭前部两侧。耳咽管一对，位于口咽腔顶部近口角处，与咽鼓管相通。喉门为口腔后部一纵裂开口，下通气管。食道短，开口位于喉门后边，内壁有纵行的纹褶，食道与胃相通。胃位于体腔左侧，与食道相连的一端叫贲门，与十二指肠相连的一端叫幽门。胃壁黏膜层含有许多管状胃腺，胃腺分泌胃液。胃壁肌肉层很厚，肌肉舒缩使胃蠕动。小肠分为十二指肠、回肠。十二指肠壁上有胆总管开口，输入胆汁、胰液消化蛋白质和脂肪。小肠具有吸收机能。蟾蜍的大肠粗而短，又称直肠，直肠直径为小肠的 2 倍多。直肠与泄殖腔相通。泄殖腔壁上有肛门开口、输尿管开口、生殖导管开口。泄殖腔以肛门开口于体外。成蟾肠的长度为体长的 2 倍，蝌蚪肠的长度为体长的 9 倍。

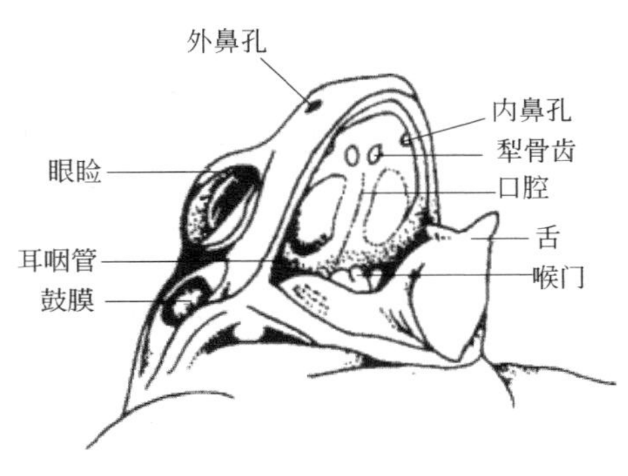

图 1-3　蟾蜍的口咽腔

（2）消化腺　肝脏呈红褐色，位于体腔前端、心脏的后方，由较大的左右两叶和较小的中叶组成。左右两叶间有一绿色球状胆囊，有两根管与之相通，一根与肝管相通将胆汁送入胆囊，一根与胆总管相通，将胆汁由胆囊送入胆总管。胰脏位于十二指肠与胃之间的系膜上，是呈不规则分支状的淡黄色腺体。胰脏细胞分泌胰液，经胰管送入胆总管与胆汁一起进入十二指肠。

5. 呼吸系统

两栖类动物的呼吸方式比其他动物更为多样，反映了动物陆生过渡时期的情况。蟾蜍幼体用鳃呼吸，成体用肺呼吸兼皮肤呼吸。肺呼吸系统包括外鼻孔、鼻腔、内鼻孔、口咽腔、喉门、喉气管室和肺。外鼻孔一对，位于吻端上方，具有瓣膜，可开闭，借鼻腔与内鼻孔相通。口咽腔通过喉门与喉气管室相通。蟾蜍的呼吸道喉头、气管分化不明显，为一短的喉气管室，喉气管室与肺相连。蟾蜍的肺呈薄囊状，内部呈蜂窝状，每一小室即为肺泡。肺泡壁上有丰富的毛细血管，在此完成气体交换。由于肺表面积不够大，所交换的气体不能满足生命需要，还需要皮肤呼吸辅助。

蟾蜍皮肤薄、湿润、分布有丰富的毛细血管，氧气溶于黏液中渗入血管内。皮肤呼吸表面：肺呼吸表面为3：2，皮肤气体交换量：肺气体交换量为1/3：2/3。蟾蜍冬眠时，主要靠皮肤进行呼吸。

6. 循环系统

蟾蜍的血液循环有两条途径，即肺循环和体循环。但由于心脏为二心房一心室，动、静脉血不能完全分开，因而称为不完全双循环。

7. 泄殖系统

两栖类动物排泄系统和生殖系统的器官有着密切的联系，有的器官同时完成两个系统的功能，故称泄殖系统（见图1-4）。

（1）排泄器官　主要由肾脏（中肾）、输尿管、泄殖腔和膀胱组成。肾脏一对，为红褐色长而扁平的器官，位于体腔后部，紧贴背壁脊柱的两侧。肾脏除了泌尿功能外，还有调节体内水分、维持渗透压等功能。肾脏的腹缘有一条橙黄色的肾上腺，为内分泌腺体。输尿管位于肾脏外缘近后端处，左右输尿管末端合并成一总管后通入泄殖腔背壁。膀胱位于体腔后端腹面中央，是连附于泄殖腔腹壁的一个两叶状薄壁囊。膀胱能重吸收水分，以保持体内的水分。蟾蜍排出的含氮废物是尿素，每天排出的尿液约为体重的1/3。

（2）生殖器官　雄性蟾蜍有一对棒状精巢，为淡黄色或灰黑色，位于肾脏内侧。精巢发出许多细小的输精细管通入肾脏前端，连接输尿管。雄性蟾蜍无独立的输精管，输尿管兼作输精用，因此又称输精尿管。繁殖季节输精尿管末端膨大成贮精囊，以贮存精子。雄性蟾蜍睾丸前端有扁椭圆形的毕特氏器，为退化的卵巢。雄性蟾蜍体内保留着退化的输卵管（缪勒氏管），位于肾脏外侧，其前端渐细而封闭，后端左右合一，开口于泄殖腔。

雌性蟾蜍有卵巢一对，其形状和大小随季节而不同，在生殖季节因含大量黑色卵粒而胀大，卵排出后则缩小成多皱褶状。输卵管

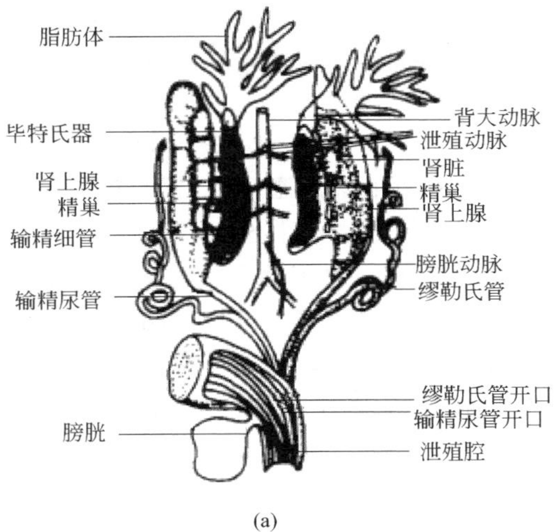

(a)

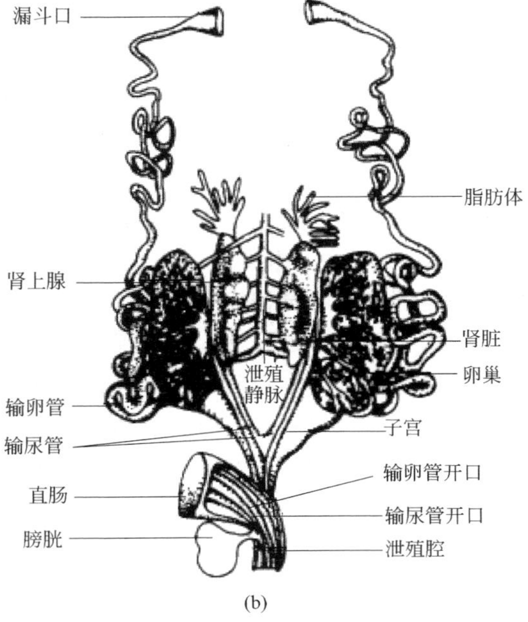

(b)

图 1-4　蟾蜍的泄殖系统

（a）雄蟾；（b）雌蟾

一对，位于体腔两侧，为白色迂回的管道。输卵管前端为漏斗口（在肺附近），其膨大部分形成子宫，子宫在后部合二为一，后端开口于泄殖腔。卵成熟后破卵巢壁落入体腔内，靠腹肌的收缩以及输卵管喇叭口纤毛的作用，使卵子进入漏斗口。卵子沿输卵管下行，在下行过程中，卵外包裹由输卵管壁腺体分泌的胶膜，再下行入子宫。等到交配时，由泄殖孔排出体外。

精巢、卵巢前端均有一对黄色呈指状突起的结构，叫脂肪体。脂肪体内含有脂肪，为贮存营养的结构。脂肪体的大小随季节而变化。在深秋，当渐进冬眠期时，脂肪体最大，到来年生殖细胞迅速增长发育时，脂肪体变得很小。摘除脂肪体会引起生殖腺的萎缩，由此可见，脂肪体与生殖腺的正常发育密切相关。

8. 神经系统与感觉器官

神经系统调节机体的活动和代谢，机体通过感觉器官接受外界的环境信息，通过神经系统的调节，产生相应的反应，使机体与外界相适应，完成机体的生命活动。

（1）神经系统　蟾蜍的神经系统包括脑、脊髓和神经。脑和脊髓统称为中枢神经系统，由脑和脊髓发出的神经和神经带构成外周神经系统。

（2）感觉器官　感觉器官使蟾蜍感受外界环境信息，通过神经反馈到神经中枢，使机体做出相应的反应。感觉器官包括视觉器官、听觉器官、嗅觉器官、味觉器官等。

视觉器官——眼主要部分是眼球，还有保护眼球的眼睑、泪腺等附属器官。蟾蜍眼近于圆形，角膜凸出，晶体近球形，稍扁，角膜与晶体距离较远。晶体牵引肌收缩时将晶体拉向前移和改变其弧度，使视觉由远视调节为近视。蟾蜍的视觉调节能力较差，只能看清活动的物体，而对静止的物体视而不见。因此，饲喂人工配合饵料时需经过一定方式的训练。

听觉器官——耳由中耳和内耳构成，无外耳。中耳鼓膜位于眼后方，呈圆形薄膜状。鼓膜下方为鼓室，鼓室借耳咽管与口咽腔相通，空气可进入鼓室使鼓膜内外压力平衡。鼓膜感受震动，经耳柱骨传到内耳，产生听觉。内耳由膜迷路构成，膜迷路可分为椭圆囊、球囊和听壶等几部分。蟾蜍听觉器官结构完善，听觉灵敏。因此，养殖场应建在较为安静的地方，以利于蟾蜍生长发育。

蟾蜍的嗅觉器官尚不完善。鼻腔内的嗅黏膜较平坦，嗅黏膜上有嗅觉细胞，经嗅神经与嗅叶相通。

嗅黏膜的一部分变形为一种对空气的味觉感受器——犁鼻器。

9. 内分泌系统

蟾蜍的内分泌系统由多种内分泌腺组成，主要有脑下垂体、甲状腺、胸腺、肾上腺和性腺等。内分泌腺分泌不同的激素，影响机体的生长和发育。

第三节　蟾蜍的生态习性

一、野生性

蟾蜍喜静，怕惊扰，一受惊吓，就会以跳跃、潜水或钻洞等方式躲藏。其感觉灵敏，能察觉相距十几米甚至二十几米远的声响。蟾蜍每到一个新环境后，就会分散、寻洞、跳跃、攀爬欲逃。在人群围观下往往不吃食，在喧闹的环境下往往难以抱对、产卵或排精。这些都表现出蟾蜍的野生性。因此，人工养殖蟾蜍要注意保持环境安静，尽量减少人为干扰，并设防止外逃设施。

二、水陆两栖性

蟾蜍为水陆两栖动物，所谓两栖就是蟾蜍的生活需要水域（淡水）和陆地。蟾蜍无交尾器，抱对、产卵、排精、受精、受精卵的孵化及蝌蚪的生活都必须在水中进行。变态后的蟾蜍才开始营水陆两栖生活，但其结构和机能只是初步适应陆生生活。陆栖生活的成蟾，喜湿、喜暗、喜暖，需要生活在近水的潮湿环境中。白天活动较少，喜欢栖息于石下、草丛、沟塘、稻田、水渠、沼泽、土洞、山间等阴暗潮湿的地方，以及池塘、江河岸边的草丛中。傍晚至清晨出来活动、觅食，夜间活跃，阴雨天活动频繁。

三、冷血变温性

蟾蜍不具备恒温调节的结构与机能，代谢水平较低，自身的体温调节能力弱，为冷血变温动物。其体温及生长发育、繁殖等各种活动明显随季节、温度的变化而改变。蟾蜍的体温随环境的变化而变化，体温受环境温度的制约。在高温条件下的体温调节机制是依靠皮肤蒸发散失水分带走过多热量，当环境温度由常温上升至高温的初期，其体温随时间的增加而上升，然后相对稳定，此阶段其皮肤保持湿润，生理机能处于正常状况。当在高温中暴露时间延续到一定时间后，皮肤开始干燥，体温出现上升或下降趋势，其生理机能出现紊乱，进入此期后，开始出现死亡。在低温时，蟾蜍体温随环境温度下降而下降。当气温低于 10℃时，蟾蜍进入冬眠状态。

四、食性

蟾蜍在蝌蚪期的食性和鱼类相似，刚孵出的蝌蚪依靠卵黄囊提供营养，2～4 天后蝌蚪的口张开，食物随水一起进入口腔，随即闭合口腔，将进入口腔的水经鳃孔排出体外，食物通过咽部和食管进入胃肠道。蟾蜍蝌蚪期对动物性饲料（如水蚤类）、植物性饲料（如藻类）和人工饲料（如鱼肉粉、蛋黄及豆渣、米糠、玉米粉等）都能摄食，只要食物能进入其口腔并吞咽得下。但在自然状态下，蝌蚪孵出后喜食浮游在水中的蓝藻、绿藻、硅藻等植物性食物，随着蝌蚪长大，也喜欢吃草履虫、水蚤、轮虫、小鱼、小虾等动物性食物，具有杂食性。人工饲养时，对刚孵化 3～4 天的蝌蚪可供给肥水中的藻类，5～6 天后可投喂豆浆、豆饼粉、麦麸、切碎的动物内脏，7 天后可投喂用动植物原料配制的配合饵料。

蝌蚪一旦变态成蟾蜍后，改为只捕食活动的动物，尤其喜食小型动物。蟾蜍摄食时，往往是静候在安全、僻静之处，蹲伏不动，当捕食对象运动至附近时才猛扑过去，动作迅速而准确，很少落空。食物进入口腔内并不被咀嚼，而是囫囵吞下。研究发现，蟾蜍食性很广，能捕食大量危害农作物、牧草、森林、建筑木材和有害人类健康的多种动物，在地面和近地面的昆虫和其他小动物几乎均可被捕食，其捕食动物范围 4 纲、12 目、48 种以上。其中以昆虫最多，出现频率高达 94.67%，如蚱蜢、蝼蛄、叩头虫、玉米螟、象鼻虫、棉铃虫、小地老虎、蚜虫、谷盗、金龟子、蚁类、蛆、蚊等，以鞘翅目、双翅目、同翅目等有害昆虫为主要食物。

因为成年蟾蜍眼距大，不能形成双目视觉，看不见静止的物体，而对活动的物体敏感，只捕食活动的动物。正因为蟾蜍有此习性，人工养殖蟾蜍，饵料的投喂成为一大难题。可将人工配合饲料混杂于活饵中或被动运动（如捏成小团人工抛撒）等让其摄食，经过驯化后的幼蟾和成蟾也摄食膨化颗粒饲料。在人工饲养条件下，若坚持定时、定位投饵，蟾蜍会按时到喂食地点进食。蟾蜍贪食，食量很大。

五、生殖的季节性

两栖类动物一般在春季和夏季进行繁殖，但对温度的选择则因种类不同而显著不同，大多数种类一般选择较高的温度，常在晚春开始繁殖。蟾蜍的产卵时间因种而异，即使同一种类也因地理分布不同而有所不同（表 1-1）。如中华大蟾蜍在辽宁北镇的产卵期在 4 月中旬至 5 月上旬；在江苏徐州则提前到 2 月底至 3 月中旬，表现出由北至南，逐渐提前的趋势。不同种类的蟾蜍所选择的产卵温度不一样，具有种的特异性。在繁殖季节，蟾蜍抱对，雌蟾蜍产卵的同时雄蟾蜍排精，在水中完成受精作用。

六、变态发育

在蟾蜍的生活史中，蝌蚪必须经过变态才能成为幼蟾。蝌蚪的变态一般发生在自由生活 3 个月之后，变态期间蝌蚪体内、体外出现一系列的变化，实质上是各种器官由适应水栖转变为适应陆栖的改造过程。最显著的外形变化是成对附肢的出现、两颌角质喙及角

表 1-1　常见蟾蜍的繁殖时间

种类	地区	繁殖时间
中华大蟾蜍	吉林	4 月至 5 月
	辽宁北镇	4 月中旬至 5 月中旬
	华北地区	3 月至 4 月
	成都地区	1 月至 2 月
	江苏徐州	2 月底至 3 月中旬
	江西南昌	2 月中旬至 3 月中旬
	福建	2 月至 3 月
花背蟾蜍	辽宁北镇	4 月中旬至 7 月初
	华北地区	4 月至 5 月
	甘肃	3 月至 7 月中旬
黑眶蟾蜍	广东广州	3 月至 8 月
	福建	2 月中旬至 3 月上旬
	海南	11 月始

质唇齿连同表皮一起脱落、尾部的萎缩消失等。内部器官也相应变化，当蝌蚪还在以鳃进行呼吸时，咽部就已经长出肺芽，并逐渐扩大形成左右肺，最终完全替代鳃。在呼吸器官由鳃转化为肺的过程中，心脏发展成两心房一心室，而血液循环方式随之由单循环转变为不完全的双循环。完成变态后的幼蟾已能离水登陆营两栖生活，并且演变为吃动物性食物，消化道由螺旋状盘曲转变为粗短的肠管，同时胃、肠分化也趋于明显（图 1-5）。

七、冬眠

两栖类动物对恶劣环境温度采取的最有效对策是休眠，降低新陈代谢水平，进入不食不动的昏睡状态。我国大部分地区处于温带，生活于我国的蟾蜍所面临的恶劣温度环境主要是冬季低温，它们采取的越冬措施是冬眠。秋末之后，气温逐渐下降，蟾蜍活动变弱，摄食量也减少。当气温降到 10℃以下时，蟾蜍便蛰伏穴中或淤泥中，双目紧闭，不食不动，呼吸和血液循环等生理活动都降到最低限度，进入冬眠。至来年春天气温回升到 10℃以上时即结束

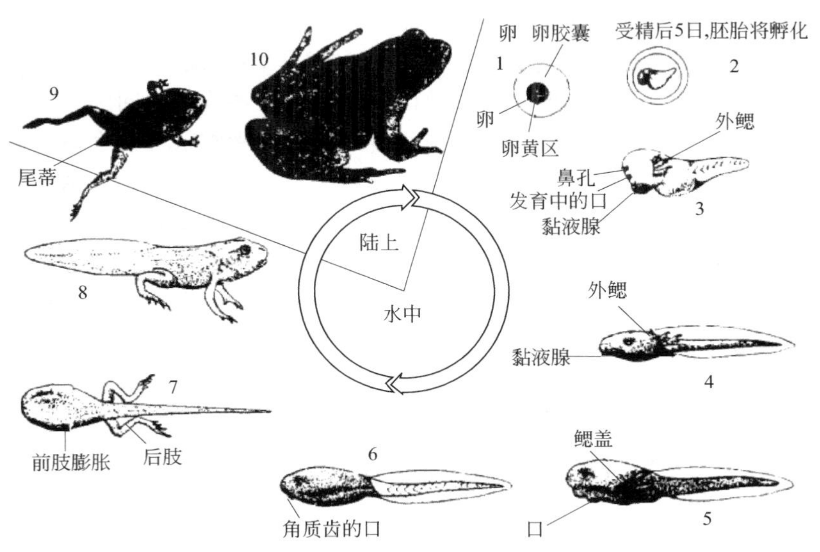

图 1-5 蟾蜍的生活史

冬眠。生活在不同地理区域的蟾蜍，冬眠的起止时间有所不同，如生活于扬州的中华大蟾蜍有 3 个月左右的冬眠期，而生活于长沙地区的中华大蟾蜍冬眠期为 2 个月。中华大蟾蜍的冬眠场所一般在池塘水底。花背蟾蜍多数在沙土洞穴中过冬，少数在杂物堆下过冬。花背蟾蜍的越冬洞穴有两类，少数是利用鼠类丢弃的洞穴；多数是个体自己打洞过冬，打洞时头部向下，前肢扒土，后肢将土推向洞口周围，并形成一个中央有孔的小丘，其洞穴结构较简单，洞口尺寸平均为 2.5 厘米（短径）×4.7 厘米（长径），垂直深度在 7～16 厘米。冬眠期间蟾蜍有群居的习性，如中华大蟾蜍在冬眠期间大多是雌雄相互拥抱成对沉入深水区底部越冬，同性之间即使相抱后也会马上分开。蟾蜍群居冬眠的生物学意义可能在于有效地利用新陈代谢所产生的热量保持一定的体温，降低个体抵御寒冷所需的新陈代谢水平，减少体内物质的消耗，有利于安全地度过漫长的冬眠期。我国除南方亚热带常年气温在 10℃以上的地区外，大部分地区冬季气温都低于 10℃。例如长江中下游地区，从 11 月中下旬到次年3月中旬约有4个月气温低于10℃；华北平原一般从10月下旬到第二年4月中旬，长达半年之久的日平均气温低于10℃。因此，在我国养殖蟾蜍的大部分地区都有一个越冬管理的问题。

冬眠期间，蟾蜍主要靠体内积蓄的肝糖和脂肪来维持生命。为此，蟾蜍进入冬眠前，往往有一个积极取食的越冬前期，为越冬贮存养料，如花背蟾蜍在这段时间内白天和晚上都进食，而在其他时间白天一般不进食。因此，人工养殖时，每年秋末即冬眠前必须加强饲喂，促其储备营养，以利安全越冬，提高成活率。冬天可利用地热水、工业无害废热或安设保暖防风设备，使蟾蜍不冬眠或缩短冬眠期，既延长其生长期，又促其提前产卵孵化。

第四节　蟾蜍的生长环境要求

一、温度

在影响蟾蜍的外部因素中，蟾蜍的新陈代谢速率对温度有很强的依赖性，蟾蜍生存的适宜温度范围为20～32℃，最适宜温度为25～30℃。温度的变化会影响蟾蜍的采食活动，温度适宜时蟾蜍的采食活动增加，采食次数及采食量也相应增多。春天，当气温达到12℃以上时，蟾蜍活动量开始增加。当气温在20℃以上时，天气温暖潮湿，昆虫数量增多，蟾蜍的活动和采食量也增多，利于其生长发育。同时，蟾蜍的毒腺及耳后腺浆液充足，利于蟾酥的采收。当温度较高时，蟾蜍依靠皮肤蒸发散失水分带走过多热量。当在高温中（39～40℃）暴露一定时间后，蟾蜍的皮肤开始干燥，体温出现上升或下降趋势，其生理机能出现紊乱，进入此期后，开始出现死亡。在较低气温时，蟾蜍体温随温度下降而下降，气温低于10℃时，蟾蜍进入冬眠状态。蟾蜍对低温有一定的耐受能力，如中华大蟾蜍在4.15℃左右失去定向运动能力，在1.5℃左右呈现昏迷状态，在-2℃时，可导致死亡。温度也是影响蟾蜍产卵和孵化的重要因素之一。蟾蜍卵孵化的温度范围为10～30℃，最适温度为

18～24℃。低于10℃或者高于30℃时，蟾蜍的产卵就会受到影响而减产或停产。在生产中，夏季要注意防暑，地面温度过高时要及时遮阴、喷水、通风降温。10月中旬以后要注意防寒，防止产生冻害，及时把蟾蜍放入越冬池。据报道，蟾蜍卵的成熟必须经过冬季低温过程。

二、湿度

蟾蜍在蝌蚪期时像鱼一样，离不开水体，即使短时间离开水体也会死亡。幼蟾和成蟾喜潮湿，幼蟾多在水中生活。蟾蜍的皮肤轻度角质化，有利于防止水分蒸发。当环境潮湿，温度较高时，成年蟾蜍可较长时间在陆地栖息。但是，蟾蜍皮肤角质化程度低，其皮肤保持湿润对维持正常的呼吸至关重要，因而过于干燥的环境可使蟾蜍脱水，皮肤腺体分泌物减少，皮肤干燥，不利于其呼吸和机体代谢，从而影响其生存。蟾蜍繁殖还要回到水中进行。不同发育阶段的蟾蜍对湿度的要求不同，变态幼蟾对湿度要求最高，以后随日龄的增长而要求逐渐降低。变态后的幼蟾湿度要求控制在85%～90%，1～2月龄幼蟾湿度要求控制在80%～85%，3月龄以上的蟾蜍湿度控制在70%～80%即可。

三、光照

蟾蜍的行为、繁殖等都受光照条件的影响。蟾蜍有畏强光习性，尤其是逃避强光的直射，日常强光照射会使其躲入草丛、洞穴，长时间日照和干旱天气会影响其生活和采食，从而影响其生长发育。蟾蜍趋向弱光，一般夜间、阴雨天活动频繁。但在自然条件下，每日日照时间长短的季节性变化，调节着蟾蜍性腺的活动。若将蟾蜍长期饲养在黑暗条件下，则性腺成熟中断，或性腺活动受到抑制，以致停止产卵、排精。

四、水质

水中溶氧量、pH值、含盐量、水体营养状态等是衡量水质的指标，都影响蟾蜍的生长、发育和繁殖。

1. 水中溶氧量

水中溶氧量与水温、水中藻类和微生物的数量、蟾蜍的养殖密度等有密切关系。水温高则溶氧量少，水温低则溶氧量多（表1-2）。蟾蜍成体可通过皮肤呼吸来利用水中溶解的氧气，但这只是辅助的呼吸方式，而成体主要靠肺呼吸直接从空气中得到氧气。一般来说，水中溶氧量对其影响不大。蟾蜍在蝌蚪期和鱼相似，在水中生活，通过鳃呼吸，水中溶氧量对其生长和存活影响极大。蟾蜍卵在水中孵化，水中缺氧会影响其孵化造成卵孵化的中止和胚胎死亡，或造成蝌蚪死亡。夏季池塘藻类或微生物繁殖过多，常导致水中缺氧，尤其在蝌蚪养殖密度较大的情况下，缺氧尤为严重。人工养殖时，在水中投放饵料过多而温度又高时，会影响水质和水中溶氧量，从而影响卵的孵化及蝌蚪的生长发育。一般保持每升水中含6毫克以上的氧即能满足蝌蚪生长发育的需要。人工养殖时，必要时可利用缓流水或使用增氧机，以提高水中溶氧量。

表1-2　淡水水体温度与溶氧量的关系

水体温度/℃	0	10	15	20	30
溶氧量/(毫克/升)	10.26	8.02	7.22	6.57	5.57

2. pH值

pH即水的酸碱度，也直接影响蝌蚪和成蟾的生存。酸碱度过高，会破坏蟾蜍体液的平衡。酸性水会妨碍蟾蜍的正常呼吸，使蟾蜍摄食强度下降，生长受到影响。碱度太大的水体，会腐蚀蝌蚪的鳃组织和刺激蟾蜍的皮肤，使蟾蜍在水体中生活感到不适，严重时会引起眼球发白、红腿病等，甚至中毒死亡。蟾蜍生活水体适宜的pH值为6～8，最适pH值为6.5～7.8。

3. 含盐量

蟾蜍养殖用水适宜的含盐量应在1%以下，否则会影响蝌蚪及蟾蜍的生存。含盐量主要通过水的渗透压、密度对蟾蜍产生影响。蟾蜍的皮肤角质化程度低，如果水中含盐量过高，体内液体和血液里盐度低，体内水分就会大量失去，造成死亡。水中含盐量过高对蝌蚪及孵化中的卵影响更大，这种失水也会造成在水中孵化的卵和幼嫩的蝌蚪快速死亡。因此，养殖蟾蜍的水中一般不要投化肥和药品，若确是防病需要，可适当应用某些药品，待病害消除应换水。同时，要注意不要用被农药、化肥污染的水养殖蟾蜍。

4. 水体营养状态

自然环境的水中，往往有大量的浮游生物、微生物和水生植物（如水草）。适量的浮游生物可为蝌蚪及蟾蜍提供饵料，适量的水草有利于成蟾产卵和卵的孵化，也有利于蝌蚪和幼蟾栖息。水质过肥，浮游生物和微生物繁殖快、数量多，虽然为蝌蚪提供了饵料，但也可能造成病原生物的蔓延。这种情况下，应做好蟾蜍病害的防治工作，并适当控制微生物和浮游生物的繁殖速度和数量。特别是在高温季节，养殖池中可能出现某些有害藻类的过度生长，蟾蜍可能被其缠住而致死。所以，在夏季，要定期更换池水，饵料的投放要适度，以防投饵过多沉入水底后造成水体污染，影响蝌蚪和蟾蜍的生长和发育。

因此，养殖蟾蜍要注意水质。养殖蟾蜍的水源有很多，例如江湖水、池塘水、井水、地下水、山泉、溪水、自来水和高山雪水等。江湖水、池塘水较肥，有机物、微生物、浮游生物多，要注意防治病虫害和防止水污染。井水、地下水及高山雪水水温低，自来水中含氯，都应在阳光下暴晒 3～4 天后，再引入养殖池。城市附近地区的雨水，可能吸附了空气中的有害物质，不宜直接、单独用作蟾蜍的孵化用水。被农药、化肥或其他化学物质严重污染的水，绝对不能用于养殖蟾蜍。

第五节　常见人工养殖蟾蜍品种

一、中华大蟾蜍

中华大蟾蜍主要分布在我国东北、华北、华东、华中、西北、西南等地。中华大蟾蜍体形如蛙而较大，体长一般在 10 厘米以上（图 1-6），头宽大于头长，吻端圆厚，吻棱显著；鼻孔近吻端，眼睛一对大而突出，位于头部两侧，眼间距大于鼻间距；鼓膜明显。躯干扁平，体粗短；前肢长而粗壮；指稍扁而略具缘膜，指长顺序为 3、1、4、2，指关节下瘤成对；后肢粗壮而短，具 5 趾，趾略扁，趾长顺序为 4、3、5、2、1，趾侧缘膜在基部相连形成半蹼。

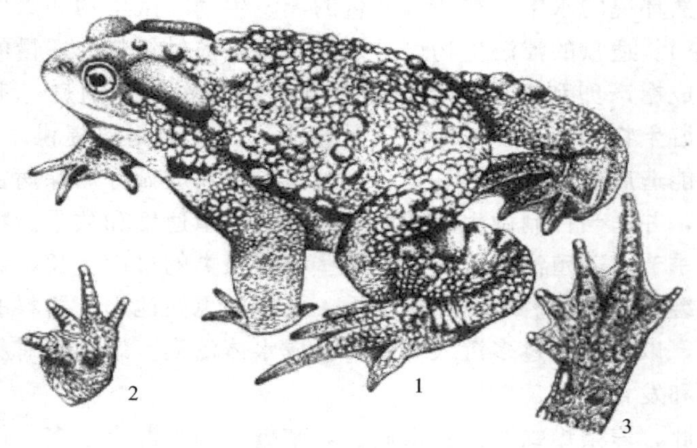

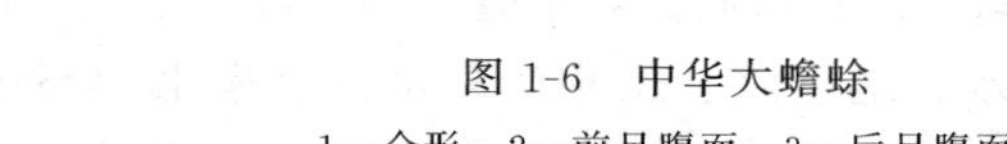

图 1-6　中华大蟾蜍

1—全形；2—前足腹面；3—后足腹面

中华大蟾蜍皮肤极粗糙，背面密布大小不等的圆形瘰粒，仅头顶部平滑，上下眼睑及头侧有小疣粒，耳后腺大呈长圆形。有时头后枕部的瘰粒排成两斜行与耳后腺几乎平行；胫部大瘰粒显著；整个腹面布满疣粒，个别有不明显的跗褶。

中华大蟾蜍体色随季节及性别不同而有差异。产卵季节及其前后，雄性背面多为黑绿色，有时体侧有浅色的花斑；雌性背面颜色较浅，瘰粒部为深乳黄色，体侧有黑色与浅色相间的花斑。眼后有黑纹，沿耳后腺斜伸至胯部。腹面乳黄色、棕色或黑色形成花斑，在股基部为椭圆斑，较小的个体椭圆斑更为显著。

雄性中华大蟾蜍体略小，皮肤松而色深，瘰粒圆滑，未角质化；前肢粗壮，内侧有三指，基部有黑色婚垫；无声囊，无雄性线。

二、黑眶蟾蜍

黑眶蟾蜍主要分布在我国宁夏、四川、云南、贵州、浙江、江西、湖南、福建、台湾、广东、广西、海南等地。黑眶蟾蜍体长7～10厘米，雄性略小（图1-7）。头高，头宽大于头长，吻端圆，吻棱明显，鼻孔近吻端，眼间距大于鼻间距。鼓膜大，呈椭圆形，略小于眼睑宽。头部具有黑色骨嵴棱（图1-8），其主干由吻端起沿吻棱和上下眼睑内侧直到眼后角上方，嵴棱明显突出。眼前方、鼓膜上方亦均有嵴棱。头顶部下凹，皮肤与头骨紧密相连。上下颌有黑色线纹。前肢细长，指长顺序3、1、4、2；第一指比第四指粗长；指端圆，呈黑色。后肢短，胫跗关节前达肩后端，左右跟部不相遇；趾扁，趾侧有缘膜，基部相连成半蹼。

图1-7　黑眶蟾蜍

黑眶蟾蜍皮肤极粗糙，除头顶部无疣粒外，全体布满大小不等的疣粒。耳后腺大，呈长椭圆形，不紧接上眼睑；背中线两侧各有一纵行排列规则的大圆疣；四肢上疣小，一直分布到指、趾的背腹面。腹面密布小疣粒，所有的疣上都有黑棕色的角质刺。

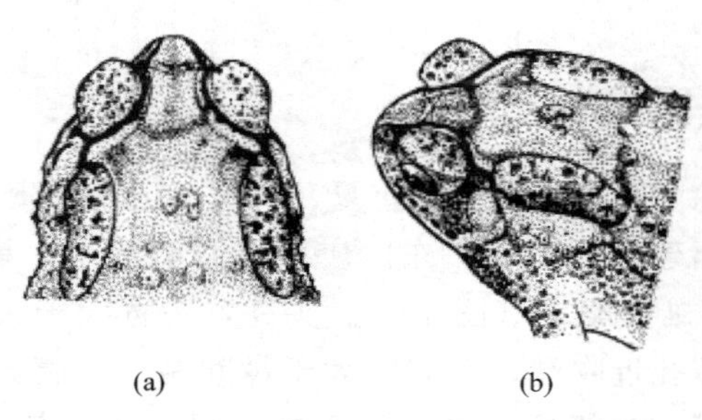

(a)　　　　(b)

图 1-8　黑眶蟾蜍头部
（a）背面观；（b）侧面观（示头棱和耳后腺）

黑眶蟾蜍体色变异很大，背部一般为黄棕色，略带不规则的棕红色斑纹；腹面为乳黄色，有灰色斑纹。

雄性黑眶蟾蜍第 1、第 2 指基部内侧有黑色垫物（婚垫）；有单咽下声囊。

黑眶蟾蜍与中华大蟾蜍的区别是：中华大蟾蜍的头部无黑色骨嵴棱，背部无花斑，雄性无声囊；黑眶蟾蜍的头部有黄色骨嵴棱，背部有黄棕色略带棕红色斑纹，雄性有单咽下声囊（图 1-9）。

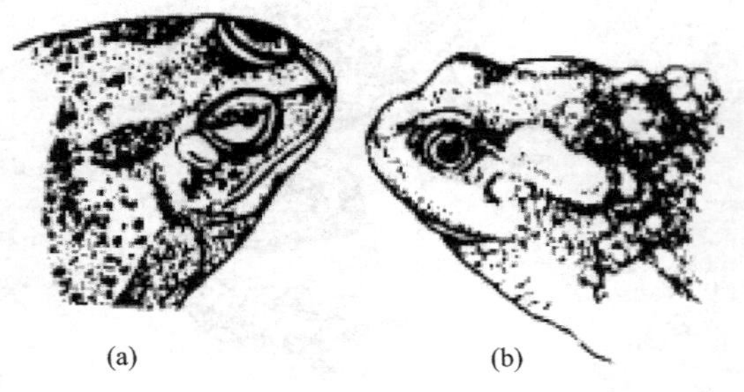

(a)　　　　(b)

图 1-9　黑眶蟾蜍（a）与中华大蟾蜍（b）头部比较

三、花背蟾蜍

花背蟾蜍主要分布于黑龙江、吉林、辽宁、河北、山东、河南、山西、陕西、内蒙古、宁夏、甘肃、新疆、青海、江苏等地。

花背蟾蜍体形中等，平均体长 60 毫米左右，雌性最大者可达 80 毫米（图 1-10）。头宽大于头长；吻端圆，吻棱显著，颊部向外侧倾斜；鼻间距略小于眼间距，上眼睑宽（略大于眼间距）；鼓膜显著，呈椭圆形。前肢粗短；指细短，指长顺序 3、1、2、4，第 1、3 指几乎等长，第 4 指颇短；关节下瘤不成对；外掌突大而圆、深棕色，内掌小、色浅。后肢短，胫跗关节前达肩或肩后端，左右跟部不相遇，足比胫长；趾短，趾端呈黑色或深棕色；趾侧均有缘膜，基部相连成半蹼；关节下瘤小而清晰，内跖突较大、色深，外跖突很小、色浅。

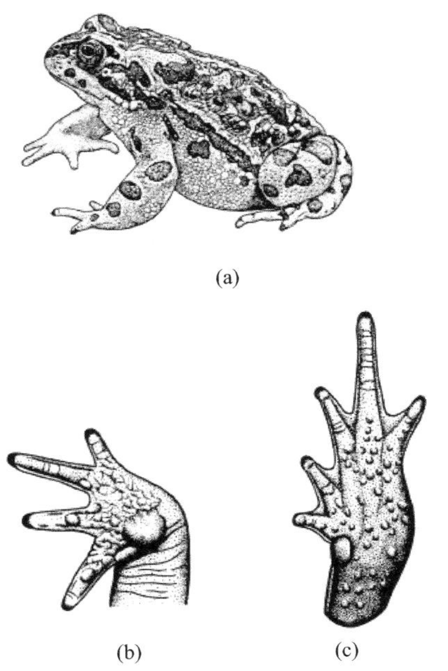

图 1-10　花背蟾蜍

（a）侧面观（♀）；（b）前足部（腹面观）；（c）后足部（腹面观）

雄性皮肤粗糙，头部、上眼睑及背面密布大小不等的疣粒。雌性疣粒较少，吻端头侧疣粒很少，耳后腺大而扁；四肢及腹部较平滑。腹后端及股下面有较大的疣粒。

雄性背面多呈橄榄黄色，有不规则的花斑，分散的疣粒上有红点。雌性背面呈浅绿色，花斑为酱色，疣粒上也有红点；头后背正中常有浅绿色脊线，上颌缘及四肢有深棕色纹。两性腹面均为乳白色，一般无斑点，少数有分散的黑色小斑点。

雄性皮肤较粗，前肢粗壮，内侧三指基部有黑色婚垫，有单咽下声囊。

第二章　蟾蜍养殖场的建造与生产设备

人工养殖蟾蜍可利用江河、湖泊、溪流、洼地、水库、池塘和稻田等进行粗放养殖，采用这种养殖方式，除要求设置防止蟾蜍逃逸和猫、狗、蛇等敌害侵入的设备外，其余可从简。但要发展蟾蜍商品化生产，获得较高的经济收益，必须采用适度规模的精养方式，这就要求按照蟾蜍的生态习性，建设结构科学化、利用效率高的养殖场。

第一节　蟾蜍养殖场地选择及基本要求

一、养殖场地选择

蟾蜍是一种野生两栖动物，适应性强，无论山区、平原、城镇、农村，只要有水源的地方都可养殖。养殖场所通常可分为室外和室内两大类，室外又可分为大面积散养场和小面积集约化养殖场。养殖场类型主要根据当地的自然环境和已有的条件来决定，没有统一模式，应因地制宜建设投资小、效益高的养殖场。如果当地水面较多，有湖泊、河塘、洼地、水库、水坑、废弃的鱼塘或有水稻、莲藕种植，可考虑大面积放养。如果房前屋后空地多或住房面积大，且水源有保证，可考虑建池发展庭院养殖或室内养殖。无论采用哪种养殖方式，在选择场址时都要遵循经济、科学、方便的原则，做到少花钱、多办事、办好事，这就需要在建场前综合考虑以下各因素：

1. 养殖场所要尽量满足蟾蜍的生活习性要求

要选择自然环境僻静、植物丛生、接近水域的地带，凡是有工厂汽车往来、人类活动频繁的环境，常常声音嘈杂、震动严重，不宜作养殖场所，特别是饲养种蟾时更要慎重考虑。若选择空旷地区作蟾蜍养殖场，需对其生态环境进行人工改造，通过种草、种树或种植瓜果、经济植物增加植被。养殖场所最好冬暖夏凉，若地面能稍向东南方向倾斜更佳。因为这种地形阳光直射面大，地温、水温上升较快，在夏季还可利用东南季风的影响，波动水面，增加水中溶氧量，对蟾蜍及其饵料的繁殖和生长都有利。

2. 养殖场所必须有水源保证且排灌方便

养殖场所有水源保证，且排灌方便，能有效控制水温、水的溶氧量及病虫害，有利于收获及越冬，还可以保证下暴雨时不形成水灾，遇干旱时能及时供水，以及平时的池水更换。有的蟾蜍养殖场所用水可能与农田灌溉水源有联系，应考虑两者是否有冲突，并做好相应准备，以免在天旱或排涝时两者不可兼顾而带来不必要的损失。

3. 养殖场所要尽量建在饵料丰富的地方或地区

在饵料丰富的地方建立养殖场所，能充分利用大量的自然食物源，如昆虫、浮游生物等，可降低饵料成本。当有丰富而廉价的生产饵料的原料及土地时，如附近有家畜、家禽养殖场，有大量动物粪便供应，有食品加工厂出售下脚料，或有大型饭店每日剩食较多，这时可考虑自己生产蟾蜍饵料。若附近有蟾蜍人工合成饵料生产出售，则使用更为方便。

4. 进行室外养殖还要考虑修筑防逃设施

因蟾蜍善于跳、钻、爬，所以建场时首先要建防逃围墙，有时这部分投资往往较多，所以在选场址时就要给予充分考虑。

5. 与养殖有关的配套设施要齐备或容易建造

如工作用房、简易宿舍、生产和生活用电、交通条件、通信条件和产、供、销等各种因素都应考虑到，这不仅便于日常管理，而且有利于产品的销售。

二、养殖场地基本要求

选择适当的蟾蜍养殖场场址，是建场前的一项重要工作，应周密考虑。蟾蜍的适应性强，在我国的大部分地区，只要有水源和饵料，就可选择适宜的蟾蜍品种进行人工饲养。要建设蟾蜍养殖场，不仅要考虑蟾蜍生存所要求的温度、水源和饵料条件，还要考虑其生活习性等方面的要求，并考虑生产上的实际需要，如地形、水源水质、土质、交通运输、电力、排灌、饵料等。

1. 蟾蜍分布区

蟾蜍分布区是指某一种蟾蜍所占有的地理空间。在此空间内，该种蟾蜍能充分进行个体发育，并留下具有生命力的后代。我国分布的16种（亚种）蟾蜍均具有自己的适宜分布区。限制蟾蜍分布的因素有非生物因素和生物因素。非生物因素是指地形、气候（如温度、光照、湿度等）、海洋、河流等自然因素。生物因素包括饵料不足、种间竞争等因素。选择蟾蜍养殖场场址时必须考虑蟾蜍品种的适宜分布区，以免因品种选择不当导致养殖失败，造成不必要的损失。我国目前主要饲养的三种蟾蜍中，中华大蟾蜍分布广泛，全国大部分地区均可养殖；黑眶蟾蜍适于在华东、华南地区及宁夏、四川等地养殖；花背蟾蜍适于在华北、东北地区及青海、甘肃、宁夏、陕西和山东等地养殖。

2. 蟾蜍的生活习性要求

蟾蜍的野生性、水陆两栖性、变温性及特殊食性等生活习性要求，决定了蟾蜍养殖场应设于有水陆环境、安静、温暖、浮游动植物与虫类繁多、植物丛生的地带。人类活动频繁、声音嘈杂、震动严重的地方，如铁路或公路交通干线、大型工厂等附近则不宜作为蟾蜍养殖场场址，否则既不利于卫生防疫，又会严重影响其抱对和排卵，甚至造成蟾蜍不能抱对和排卵。

3. 生产上的实际需要

如蟾蜍养殖场属于育种场，则应尽量靠近需要大批种源的蟾蜍养殖场，以减少种源运输费用。如养殖的蟾蜍主要供外销，则场址最好选择在具有良好交通条件、靠近药材销售市场的地方，以便于销售，减少运输费用，提高经济效益。

4. 水源与水质

蟾蜍是水陆两栖动物，本身喜潮湿，而且其产卵、孵化及蝌蚪的生存完全离不开水，所以养殖场必须建在水源充足的地方，建场时还要考虑水源的种类及水质。不同的水源，其理化性质如温度、盐度、含氧量、pH 值等均有所不同，这对蟾蜍的存活、生长与繁殖有不同程度的影响。因此，要注意水源的水质是否适于蟾蜍生活，尤其要调查水源是否被城市下水道污水、工矿企业排放的污水或农药、化肥等污染。河水、湖水、水库水、坑塘水等，这些种类的水有一定的溶氧量且浮游生物多，但易被污染，此类水利用时需先引入贮水池内，加适量漂白粉，进行净化消毒，除去水中的杂质、病毒、细菌、寄生虫等。山泉水和井水污染少，但水温较低，有时含可溶性盐较多。井水和自来水需要贮存在水池内，经过日照增温和曝气增氧后才能作为养殖用水。

5. 饵料

蟾蜍养殖场应建在饵料丰富的地区，以便能诱集大量昆虫，供应大量浮游生物、螺类、黄粉虫等饵料；或者在该地区有丰富而廉价的生产饵料的原料及土地，如附近有供应畜禽粪的牛场、猪场、养禽场等，以便为养殖池培育浮游生物，养殖蚯蚓、蝇蛆以及生产人工配合饵料。

6. 交通运输

规模化的蟾蜍养殖场种源、产品、饵料的运输量较大，为了节约运输费用，宜建在交通便利的地方。

7. 地形

蟾蜍养殖场地面最好稍向东南方向倾斜，以使养殖池接受阳光直射面大。这样地温、水温上升较快，对蟾蜍及其饵料的生长繁殖有利。同时，这种地形在夏季受东南季风的影响，养殖池水面波动，可增加水中溶氧量，对蟾蜍尤其是蝌蚪的生长很有利。

8. 土质

蟾蜍养殖场最好建在黏质土壤上。在这种土质上建成的养殖池不需要设置防水渗漏的设施，有较理想的蓄水效果。如果在其他土质条件下建场，需要铺设防漏底膜、灌水等，或建成水泥池以防渗漏，这样会增加养殖成本。

9. 电力

蟾蜍生产过程中排灌及换水、用诱虫灯诱集昆虫、饵料加工等都离不开电力，所以蟾蜍养殖场应建在有电力供应之处，否则应自备发电机或用柴油机作动力。

10. 具备各种配套设施

蟾蜍养殖场应具备工作用房、简易宿舍、存放用具的仓库、水泵等。另外，还要考虑其规模大小所要求的建场面积是否满足。

总之，蟾蜍养殖场场址的选择应根据具体情况，综合考虑各方面因素，在满足蟾蜍生产所需基本条件的前提下，做到投资少、产出多、收益高。

第二节　蟾蜍养殖场设计与建造

一、养殖场的布局设计

蟾蜍养殖场的建设规模，应根据生产需要、资金投入等情况而定。在一定建设规模（总面积）条件下，各类建筑的大小、数量及比例必须合理，使之周转利用率和产出达到较高水平。

建造一个完整的养殖场，应先建造围墙和大门，要有相应的设施及加工场地、仓库等。一个完整的、具有一定规模的蟾蜍养殖场，不但要有各种蟾蜍养殖池，还要有贮水池、活饵料培育室、饵料加工场、排灌系统、蟾蜍的陆地活动场所与越冬场所、药用产品加工车间、贮备室、药品室、水电控制室、办公室、宿舍及相应的福利设施等。具体规划设计时，可以根据具体情况，如养殖目的、资金多少、场地大小等情况来确定规模。如果只是提供商品蟾蜍或只饲养成体刮浆蟾蜍，则养殖规模可以较小，所需要的场地也就较小。

蟾蜍养殖场还要注意布局合理，使之既便于生产管理，又为蟾蜍的生长、繁殖提供良好的环境条件（图 2-1）。贮水池要建在较高的位置，这样在流入下面的养殖池时可以自然增加溶氧量；利用贮水池供水时，不能让水由一个养殖池再流到另一个养殖池，要分别有可控的供水管道，以便于防止水质污染、疫病流行和寄生虫传播。

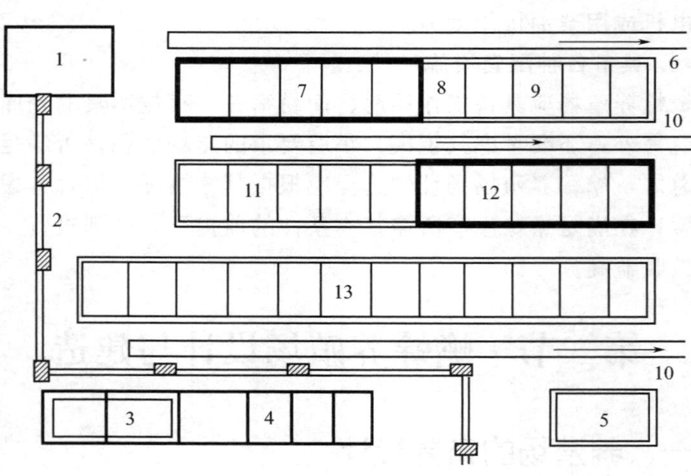

图 2-1　蟾蜍养殖场水池布置示意图

1—贮水池；2—围栏；3—管理室；4—活饵料培育室；
5—隔离治疗池；6—排水渠；7—种蟾池；8—孵化池；
9—产卵池；10—排水沟；11—蝌蚪池；12—幼蟾池；13—成蟾池

二、养殖池的建造

蟾蜍养殖池根据用途可分为种蟾（产卵）池、孵化池、蝌蚪池、幼蟾池、成蟾池等。对于自繁自养的商品蟾蜍养殖场，场内上述各种养殖池的面积比例大致为5∶0.05∶1∶10∶20。对种苗场，可适当减小幼蟾池和成蟾池所占的面积比例，相应增大其他养殖池所占的面积比例。各类养殖池最好建多个，但每个养殖池面积大小要适当。过大则管理困难，投喂饵料不便，一旦发生病害，难以隔离防治，造成不必要的损失；过小则浪费土地和建筑材料，还增加操作次数，同时过小的水体，其理化和生物学性质不稳定，不利于蟾蜍的生长、繁殖。养殖池一般建成长方形，长与宽的比例为(2～3)∶1。

建造各种养殖池时，均需设计进水孔、排水孔、溢水孔。各孔处应加细目耐腐蚀的丝网，各池均有通向水源或贮水池的专用可控水流的通道。池内种植水生植物，为蝌蚪及成蟾提供适宜的栖息环境。池周有排水沟，溢水孔和排水孔流出的废水均需流入排水沟。进水孔设在池的上方，排水孔设在池的底部。溢水孔可根据所需水深设置一个或多个，孔上加设可控水流的装置，以利于不同水深时溢水的需要。

1. 种蟾池

种蟾池又称产卵池，用于饲养种蟾和供种蟾抱对、产卵。种蟾池可采用土池或水泥池，如果进行人工催产，为避免人员下池活动造成水质混浊，影响孵化，最好采用水泥池产卵。若采用自然产卵繁殖方式，则使用土池比较合适。如果选用养鱼池等作为种蟾池，在放进种蟾之前，要彻底清池，清除野杂鱼和其他两栖类等。种蟾池的环境要接近其自然生态环境。蟾蜍抱对时要求环境安静，种蟾池宜建在养殖场中较为僻静的地方。蟾蜍在抱对、产卵期间，喜栖息在水中有水草、岸上有野草、阴凉的水陆两栖环境中。为满足种蟾的生活需求，养殖池的四周需留有一定的陆地供蟾蜍活动，也可在池中建一小岛，作为蟾蜍取食和栖息之地，蟾蜍的陆地活动场所以水池面积的3倍为佳。池周陆地或小岛上要种植一些阔叶乔木或高粱、豆类、瓜果等作为荫蔽物。池中种植一些水生植物，用以净化水质，使产出的卵能附着在水草上而浮于水面，从而便于收集卵块。池边应建造一些洞穴，以利于蟾蜍栖息、藏身。蟾蜍抱对、产卵需要较大的活动空间（主要是水面），种蟾池的面积宜大，至少要保证每对种蟾占有 1 米^2 左右的水面。具体设计、建造种蟾池时，其面积的大小可根据生产规模、便于观察和操作等因素综合考虑，一般每个种蟾池的面积以 10～15 米^2 为宜。

为保证种蟾正常产卵，种蟾池池底应高低不平，有深有浅，必须保留 1/3 以上的水面为蟾蜍的产卵适地。产卵适地的水深利于种蟾抱对、产卵和排精，需经常保持在 10～13 厘米。池中其他地方的水深一般为 50～80 厘米。池的周围和陆地靠水处筑成斜坡，坡度为 1∶2.5，以便蝌蚪变态后登陆（图 2-2）。

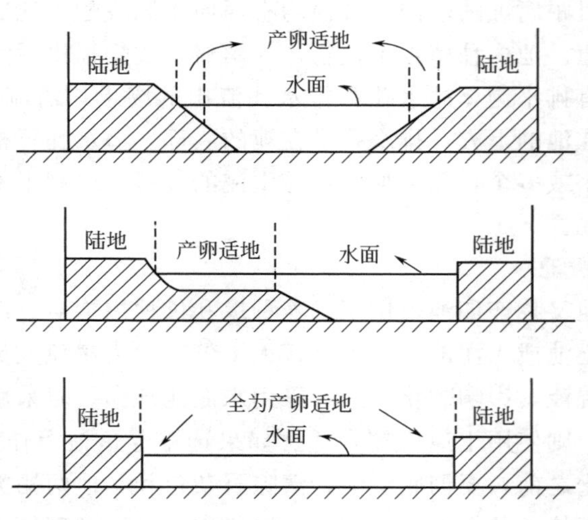

图 2-2　蟾蜍种蟾池

种蟾池内饵料投放台占池面积的 1/3，饵料投放台表面距离水面 10 厘米为宜。必要时，在池上搭建遮阴棚。种蟾池的进水孔、排水孔和溢水孔都要有细目丝网，以防流入杂物及防止蝌蚪随水流走。种蟾池与其他养殖池要用御障隔离开来，也可在四周加圈网，以防蟾蜍逃逸。规模较小的养殖场也可以不设立专门的种蟾池，而以成蟾池代替。

2. 孵化池

蟾蜍对受精卵无保护行为，且蟾蜍受精卵较小，在孵化期间对环境条件的反应敏感，又容易被天敌吞食，宜设置专门的孵化池，以提高受精卵的孵化率。用于受精卵孵化和培育早期蝌蚪的孵化池面积不必太大，一般约 2～4 米^2，可连接数个池子，以便按不同产卵期（相差 5 天以上）分池孵化，具体数量依据亲蟾的产卵数量、产卵日期差异而定。孵化池宜用砖石水泥砌成，或用相应大小的塑料桶代替，池壁高约 40～50 厘米、水深 15～25 厘米左右，要求池面光滑（最好用瓷砖贴面），不渗水，有一定坡度。实践证明，土池常使下沉的卵被泥土覆盖而使胚胎窒息死亡，而且难以彻底转移蝌蚪，其使用效果较差。

孵化池的进水孔与排水孔应设于相对处，进水孔的位置高于排水孔。排水孔用弯曲塑料管从池底引导出来，如果池水水位过高，则池水通过排水管溢出池外，从而调节水位（图 2-3）。排水孔宜罩以 40 目/厘米^2 的纱网，以免排出卵、胚胎或蝌蚪。在孵化时，孵化池上方宜设置遮阴棚，水面上放些浮萍等水草，将卵放在水草上，既使卵没入水中，又不致落入池底而窒息死亡，同时有利于刚孵出的蝌蚪吸附休息。也可以在离池底 5 厘米处搁置 40 目/厘米^2 的纱窗板，使孵卵在纱窗板上方，不沉入池底。

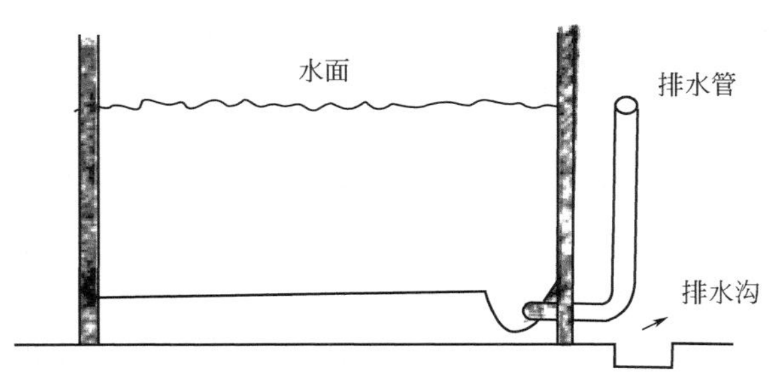

图 2-3　孵化池剖面图

小型养殖场，为节约和充分利用场地，可在种蟾池内设立孵化网箱。网箱用 40 目的尼龙网制成，上有盖下有底，一般长 120 厘米，宽 80 厘米。其高度以箱体进入水中 20 厘米，上面露出水面

10～20 厘米为宜，即高度一般为 30～40 厘米。网箱要用钢筋焊成的和网箱大小相同的框架固定和支撑。

3. 蝌蚪池

蝌蚪池也称转换池，用于饲养处于不同发育时期的蝌蚪。为了便于统一管理，几个蝌蚪池可集中建设在同一地段，毗邻排列。蟾蜍养殖场蝌蚪池的数量和每个池的大小应根据养殖规模和所养的蟾蜍品种来确定。

蝌蚪池一般采用水泥池，大小以 5～20 米^2 为宜，池深 0.8～1 米，水深控制在 20～30 厘米，分设进水孔、排水孔和溢水孔。排水孔设在池底，作换水或捕捞蝌蚪时排水用。溢水孔设在距池底 50～60 厘米处，以控制水位。进水孔在池壁最上部。进水孔、溢水孔和排水孔都要在孔口装置丝网，以防流入杂物或蝌蚪随水流走。池水每 3～5 天更换一部分，以保持水质清新。蝌蚪池中放养一些水浮莲、槐叶萍等水生植物，以便于蝌蚪休息。池上搭遮阴棚。池中设置数个饵料台，使放饵料的塑料网面离水面约 10 厘米。在蝌蚪变态为幼蟾之前，在池的四周或一边的陆地上用茅草、木板覆盖一些隐蔽处，或用砖石、水泥建造多个洞穴，让幼蟾躲藏其中，便于捕捉。要及时把幼蟾移入幼蟾池中饲养，以免其吞食蝌蚪。同时在池周加圈网，以防提前变态的幼蟾逃逸，也可设置永久性御障。水泥池便于操作管理，蝌蚪成活率较高，但要注意池底宜铺一层约 5 厘米厚的泥土。

蝌蚪池也可采用土池。土池养殖蝌蚪要求池埂坚实不漏水，池底平坦并有少量淤泥。土池一般具有水体较大，水质比较稳定，培育出的蝌蚪较大等优点。但其管理难度大，敌害多，蝌蚪成活率较低。无论采用水泥池还是土池，蝌蚪池池壁宜有较小的坡度（约 1∶5），以便蝌蚪变态成幼蟾后登陆。

蝌蚪池需设若干个，以便容纳不同发育时期的蝌蚪，以防止大蝌蚪吞食小蝌蚪，或供小蝌蚪长大后疏散养殖之用。

4. 幼蟾池

幼蟾池用于养殖蝌蚪变态后 2 个月以内的幼蟾。幼蟾池可采用土池或水泥池。土池面积较大，池底有稀泥，难以捕捞，但造价低。虽使用效果不及水泥池，但仍有可取之处。幼蟾池不宜太大，以免在选择大小和转移等操作方面造成管理困难。幼蟾池可以根据生产规模建造数个，以便视幼蟾发育情形随时调整，做到分群饲养，以免发生以强凌弱的现象，而影响蟾蜍发育。为便于给饵等管理，幼蟾池宜采用长方形。一般幼蟾池的面积为 20～40 米^2，池深 60～80 厘米。刚变态的幼蟾入池后，保持水深 15 厘米即可，以后随着蟾类的生长水深需逐渐加深（图 2-4）。为方便幼蟾登陆采食、栖息，幼蟾池壁及陆岛入水处宜建成斜坡［坡度 1∶(2.5～3)］。池的四周也应留有陆地，供幼蟾捕食、栖息。陆地面积应占水面面积的 1/4 以上，陆地上种植多叶植物、藤木、瓜菜、杂草、花卉等；水池内种植一些水生植物，既为蟾蜍提供良好栖息环境，又能招引昆虫增加幼蟾的饵料。蟾蜍幼体吃活饵，在池中应设陆岛或饵料台，其上种一些遮阴植物或搭棚遮阴，供幼蟾索饵、休息。池中陆岛上还可架设黑光灯诱虫，以增加饵料来源（图 2-5）。幼蟾池周围还应设置高 1 米左右的御障，以防蟾蜍逃逸。此外，每个幼蟾池都要设置进水、排水管，以便控制水位。

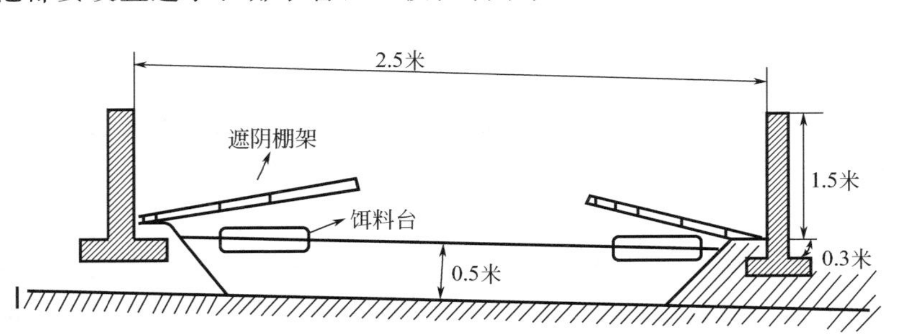

图 2-4　幼蟾池的剖面图（示饵料台、遮阴棚）

一般而言，每平方米可放养 30～100 只蟾蜍。幼蟾生长快，初养时密度可大些，以后随着幼蟾长大，养殖密度应逐渐减小。

5. 成蟾池

成蟾池是蟾蜍养殖场的主要部分，其大小、排灌水、适宜生态

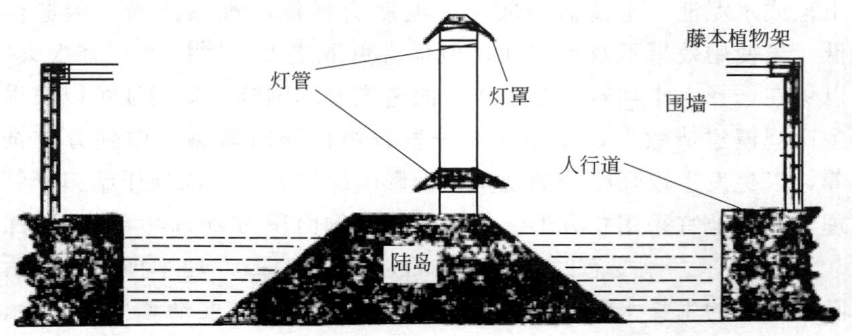

图 2-5　幼蟾池的切面图（示陆岛、黑光灯诱虫）

环境的创造等可与幼蟾池相仿。但成蟾个体大，又具有喜静、喜潮、喜暗、喜暖等习性，建池面积、陆地活动场所面积可较大些。

成蟾池长方形或方形均可，单池面积 20～50 米^2，池深 0.7～1 米，池底坡度 1∶2，水深 30～50 厘米，池底铺 10 厘米厚的沙，池内种养水草。每平方米水面养蟾蜍 10～30 只，水面与陆地面积之比为 1∶(3～5)，陆地上要种树和草坪，搭遮阴棚并建多孔洞的假山以供蟾蜍栖息，安装诱虫灯招引昆虫。为强迫成蟾索饵，可取消陆岛，以饵料台代替。成蟾池四周要设立防止蟾蜍逃逸的御障，其高度为 1.5 米左右。

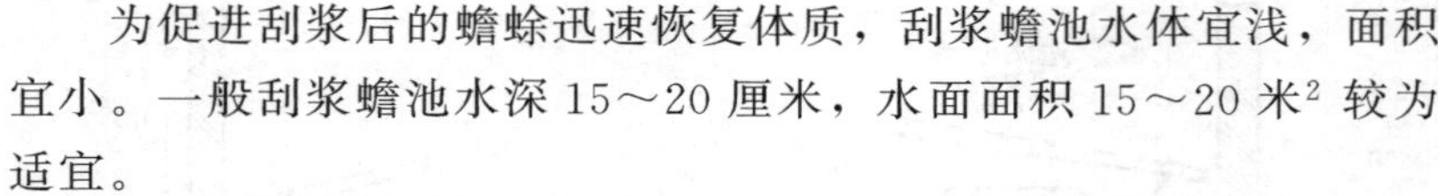

为促进刮浆后的蟾蜍迅速恢复体质，刮浆蟾池水体宜浅，面积宜小。一般刮浆蟾池水深 15～20 厘米，水面面积 15～20 米^2 较为适宜。

为防止蟾蜍间以强欺弱，相互残伤，影响整齐度，规模较大的蟾蜍养殖场可多建几个成蟾池，将不同大小、不同用途的成蟾分池饲养，如将商品成蟾、刮浆蟾和种用成蟾分池饲养。

以上介绍了规模化蟾蜍养殖场各类养殖池建筑的基本要求。对规模较小的蟾蜍养殖场可以一池多用，如幼蟾池、成蟾池和种蟾池可以互相代用。当然，为避免蟾蜍自相残食，要将不同大小的蟾蜍分池饲养。对于规模较小，或是庭院少量养殖蟾类，也可以只建一个成蟾池，让蟾蜍在其中自然地生长和繁殖。

6. 御障的建筑

建筑蟾蜍养殖场，不仅场区四周应设围墙以防蟾蜍逃逸和天敌入侵，而且幼蟾池、成蟾池和种蟾池的周围也应设隔离御障，以做到真正分池饲养。一般蟾蜍养殖场的围墙必须高出地面 1.5 米，场内养殖池御障高 1 米左右，并需经常检查有无破洞，以防蟾蜍逃逸。蝌蚪池的御障，其建筑要求可低些，因其只在蝌蚪开始变态后短期起作用，变态成幼蟾后应尽快转移至幼蟾池，其间幼蟾的跳、钻能力尚不发达。养殖场围墙外适当种植丝瓜、葡萄等作物，为夏季蟾蜍生长提供较好的生活条件。根据建筑御障所采用的材料，可将其分为砖围墙、石棉瓦或塑料瓦（板）围墙、塑料网围墙等。实践中，无论采用何种围墙，均应开适当大小的门，以便人出入投喂和巡视。围墙与池边应相距 1 米左右，既可供蟾蜍栖息，又可繁殖杂草和栽种花卉，以引诱昆虫，供蟾类捕食。

（1）砖围墙　砖围墙坚固耐用，保护性能好，但费用较高。砖围墙一般用于整个养殖场与外界隔离，也可用于养殖池之间的隔离。用砖建造围墙，一般地基为三七墙、地上部分为二四墙即可。围墙顶的内侧要设宽 10 厘米的砖檐，以确保对蟾蜍起到防逃效果。围墙要根据需要设置门、窗，门要能关严，窗口应钉以铁丝网或塑料窗纱，以防蟾蜍逃逸。

（2）石棉瓦或塑料瓦（板）围墙　石棉瓦或塑料瓦（板）围墙的建筑方法与砖围墙相同，其建设较容易，造价不高，也比较牢固，但互相衔接不牢，常出现缝隙逃蟾现象。

（3）塑料网围墙　塑料网围墙造价低，操作简单，机动性大，但抗敌害能力较差，坚固度也较差。建造时将塑料网上端用绳绞口，在池周每隔 2～3 米打一根木桩，将网布固定。网布底端宜深埋 20 厘米，顶端向里倾斜。

第三节　蟾蜍养殖池的清整

种质、营养、环境是决定蟾蜍养殖成败的三大要素，所有技术管理措施都围绕这三个环节进行。池塘是蟾蜍栖息的场所，也是病原体滋生的场所。池塘环境是否清洁，直接影响到蟾蜍的健康。

一、水泥池的处理

新建水泥池其表面不仅会渗出碱水，而且对氧有强烈的吸收作用，使水中溶氧量迅速下降，pH 值增加（碱度增加），钙的浓度增高并易形成碳酸钙沉淀。这一过程会持续较长时间，使池水的溶氧量和 pH 值不适于蟾蜍的生长。因此，凡是用水泥制品新建的蟾蜍养殖池，都不能直接注水放养蟾蜍，必须经过脱碱处理方可使用。否则，会使蟾蜍受害，导致死亡。目前水泥池常用的脱碱处理方法有以下几种：

1. 过磷酸钙法

新建水泥池内注满水后，每 1000 千克水中加入 1 千克过磷酸钙，浸泡 1～2 天，即可脱碱。

2. 酸性磷酸钠法

新建水泥池内注满水后，每 1000 千克水中加入 20 克酸性磷酸钠，浸泡 2 天，即可脱碱。

3. 冰醋酸法

用 10%的冰醋酸洗刷水泥池表面，然后注满水浸泡 1 周左右，可使水泥池碱性消除。

4. 水浸法

新建水泥池内注满水后，浸泡 1～2 周，其间每 2 天换一次新水，使水泥池碱性降到适于蟾蜍生活的水平。

5. 薯类法

若小面积的水泥池急需使用而又无脱碱的药物，可用甘薯（地瓜）、马铃薯（土豆）等薯类擦池壁，使淀粉浆粘在池壁表面，然后注入新水浸泡 1 天，可起到脱碱作用。

经脱碱处理后的水泥池是否适于饲养蟾蜍，可通过 pH 试纸测试 pH 值，以了解水泥池的脱碱程度，水的 pH 值为 6.0～8.2 时为宜。水泥池在使用前必须洗净，然后注水，在池内先放入几尾蝌蚪或蟾蜍，一天后，确无不良反应，方可正式投入使用。

二、土池的处理

土池经过使用后，难免发生塘坎坍塌损坏、进出水口堵塞倒塌等情况。这样，蟾蜍就易从坍塌缺口逃逸。池外流入的水容易把各种害虫、野鱼等带入塘内，引起各种敌害大量繁殖。同时，池底沉淀了许多残饵和杂物，使池底堆积大量污泥，不但有碍操作，而且污泥中的腐殖质能使池水转为酸性，降低肥效，阻碍饵料生物的繁殖，促使病原菌繁殖、生长，养蟾蜍后蟾蜍易得病。夏季培育蝌蚪，由于水温上升，腐殖质急速分解，产生很多有害气体，如二氧化碳、硫化氢、甲烷，使水质变坏。同时，腐殖质分解，又消耗大量的氧气，使池水缺氧。因此，清塘消毒是土池养蟾不可缺少的重要一环，必须高度重视。

1. 清塘、加固塘基

在冬季，先放干塘水，挖出池底过多的淤泥，堆在塘坎坡脚，让烈日曝晒20天左右，使塘底干涸龟裂，促使腐殖质分解，杀死有害生物和部分病原菌。经风化日晒，改良土质。同时要加固塘基，预防渗漏，并整修塘坎及进出水渠。

2. 消毒的方法

池塘经过20天左右的曝晒并清除淤泥后，接着进行消毒，常用生石灰、茶枯、漂白粉等消毒。

（1）生石灰消毒　生石灰消毒对淤泥多的老塘最为适宜。生石灰和水作用后，生成氢氧化钙，具有强碱性，除能杀死钻在淤泥中的乌鱼、黄鳝、蟾卵、蝌蚪、水生昆虫、蚂蟥、青苔等，以及池水中或泥土中的寄生虫、致病菌外，还能和有机质中和生成有效的中性肥料，使腐殖质由有害变为有利。氢氧化钙还能使池水带弱碱性，适宜蟾蜍生活。生石灰消毒在春、冬季节采用，有干法消毒、带水消毒两种。

干法消毒：选择晴天，将池内放深10厘米左右的水，按每平方米加生石灰120克计算，将生石灰用少量水溶化并搅匀，均匀泼洒入池，并用池内石灰水泼洒池壁消毒，7～10 天毒性消失。

带水消毒：池内放水 1 米深，按每立方米水体加入生石灰 250 克计算，将生石灰加入少量水溶化并搅匀，均匀泼洒全池，10 天左右毒性消失。

（2）漂白粉消毒　漂白粉为灰白色粉末，有氯臭味，微溶于水，呈浑浊状，含有 25%左右的有效氯，在水中能生成有杀菌能力的次氯酸和次氯酸根离子，对细菌、病毒、真菌均有杀灭作用，并能杀死敌害鱼和部分蟾蜍寄生虫。漂白粉消毒方法简便，效果较好，有干法消毒和带水消毒两种。

干法消毒：池内放约 10 厘米深的水，按每平方米加 15 克漂白粉计算，用少量水将漂白粉溶解搅匀，均匀泼洒入池，并用池内漂白粉水泼洒池壁，3～4 天后毒性消失。

带水消毒：池内放约 1 米深的水，按每立方米池水加 10 克漂白粉计算，用少量水将漂白粉溶解搅匀，均匀泼洒全池，5 天左右毒性消失。

漂白粉消毒与生石灰消毒效果相同，但漂白粉用量小，药效消失快，对运输不便的地方或急于使用池塘时，采用此法较好。

（3）茶枯消毒　茶枯就是茶饼，是山茶科植物油茶等果实榨油后留下的渣饼，来源很广，是南方许多地区常用的十分有效的清塘药物。它含有溶血性毒素——皂角苷，能杀死全部野杂鱼、部分昆虫及蚂蟥等，但不能杀死细菌。用法用量是在平均水深 0.5 米的情况下，每亩（1 亩=666.7 米^2）水面用茶枯 20～25 千克。用前将其砍碎，并加水浸泡（20℃水中浸泡 48 小时），然后将小块搓成颗粒，加适量水均匀撒布全池即可。采用茶枯消毒时，茶枯质量的好坏与药力大小、效果好坏关系很大，事前要认真选择。新鲜、品质上等的茶枯黑中带红，有强烈的刺激味，质很脆；品质中等的茶枯，质很硬，呈褐黑色；品质很差的茶枯，表面可以看到黄白色斑块，不易打碎。需指出的是：茶枯还能杀死蟾蜍卵，不宜用于产卵池消毒。

用上述药物消毒，待毒性全部消失后，再放养蟾蜍。毒性是否消失，除了根据前面介绍的毒性有效时间外，还可先用几条蝌蚪或蟾蜍放箩筐里入池试养。也可将蝌蚪或蟾蜍直接放入池中试养，观察是否有不良反应。如生活完全正常，即可大批放养。这样，可以避免因毒性还未完全消失，而造成放养的蝌蚪、蟾蜍大批死亡。

第四节　蟾蜍养殖场的生产设备设施

一、水处理设施

（一）水源处理设施

蟾蜍养殖场在选址时应首先选择有良好水源、水质的地区，如果水源、水质存在问题或阶段性不能满足养殖需要，应考虑建设水源处理设施。水源处理设施一般有沉淀池、过滤池、杀菌消毒设施等。

1. 沉淀池

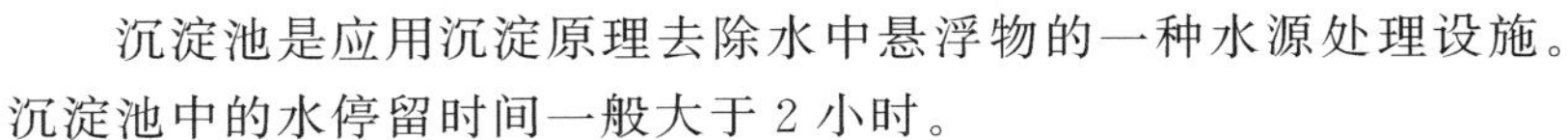

沉淀池是应用沉淀原理去除水中悬浮物的一种水源处理设施。沉淀池中的水停留时间一般大于 2 小时。

2. 过滤池

过滤池是一种通过滤料截留水体中悬浮固体和部分细菌、微生物等的水源处理设施。对于悬浮物较多或藻类、寄生虫等较多的养殖水源，一般可采用建造过滤池的方式进行水源处理。

3. 杀菌消毒设施

养殖场孵化育苗或其他特殊用水需要进行杀菌消毒处理。目前一般采用漂白粉杀菌、生石灰和臭氧杀菌消毒，杀菌消毒设施的大小取决于水质状况和处理量。臭氧具有强氧化能力，能够迅速广泛地杀灭水体中的多种微生物和致病菌。臭氧杀菌消毒设施一般由臭氧发生机、臭氧释放装置等组成。养殖中臭氧杀菌的剂量一般为 1～2 克/米^3 水体，臭氧浓度为 0.1～0.3 毫克/升，处理时间一般为 5～10 分钟。在臭氧杀菌消毒设施之后，应设置曝气调节池，以去除水中残余的臭氧，以确保蟾池水中臭氧浓度处于安全浓度。

（二）池塘水体净化设施

池塘水体净化设施是利用池塘的自然条件和辅助设施构建的原位水体净化设施，主要有栽植水草、生态坡、水层交换等。

栽植水草净化是利用水生植物根系的吸收、吸附作用和物种竞争机制，消减水体中的氮、磷等有机物质，并为多种生物生存繁衍提供条件，重建并恢复水生态系统，从而改善水环境。

生态坡是利用池塘边坡和堤埂修建的水体净化设施。一般是将砂石、绿化砖、植被网等固着物铺设在池塘边坡上，并在其上栽种植物，利用水泵和布水管线将池塘底部的水提升并均匀布洒到生态坡上，通过生态坡的渗滤作用和植物吸收、截流作用去除养殖水体中的氮、磷等营养物质，达到净化水体的目的。

水层交换主要是利用机械搅拌、水流交换等方式，打破池塘光合作用形成的水分层现象，充分利用白天池塘上层水体光合作用产生的氧，来弥补底层水的耗氧需求，实现池塘水体的溶氧平衡。水层交换设备主要有增氧机、水力搅拌机、射流泵等。

二、增氧设备

增氧设备是蟾蜍养殖场必备的设备，尤其是在高密度养殖情况下，增氧设备对于提高养殖产量，增加养殖效益发挥着较大的作用。常用的增氧设备包括叶轮式增氧机、水车式增氧机、射流式增氧机、吸入式增氧机、涡流式增氧机、增氧泵、微孔曝气装置、涌喷式增氧机、喷雾式增氧机等。

三、排灌设备

水泵是蟾蜍养殖场主要的排灌设备，不仅用于池塘的进排水、防洪排涝、水力输送等，在调节水位、水温，水体交换和增氧方面也有很大的作用。蟾蜍养殖场使用的水泵主要有轴流泵、离心泵、潜水泵、管道泵等。无论使用何种水泵，都要罩上纱网，以免损伤蟾和使蟾逃逸。

四、水质检测设备

蟾蜍养殖场一般应配备必要的水质检测设备，主要用于池塘水质的日常检测。水质检测设备有便携式水质检测设备以及在线检测控制设备等。

五、起捕设备

起捕设备是用于池塘蟾蜍捕捞作业的设备，具有节省劳动力、提高捕捞效率的特点。池塘起捕设备主要有拉网捕捉、诱捕设备等。

六、动力、运输设备

蟾蜍养殖场应配备必要的备用发电设备和交通运输工具。尤其在电力基础条件不好的地区，养殖场需要配备满足应急需要的发电设备，以应付电力短缺时的生产、生活应急需要。蟾蜍养殖场需配备一定数量的运输车辆等，以满足生产需要。

第三章　蟾蜍的饵料及活体饵料培育

第一节　蟾蜍的食性与饵料种类

在自然状态下，蟾蜍生长发育的过程中，食性由植物性向杂食性转变。刚孵出的小蝌蚪以分解卵黄为主；孵化3～5天的小蝌蚪以水中藻类为主食；大蝌蚪期及以后则以动物性饵料为主食，同时由摄食静态饵料转变为捕食动物性饵料（表3-1）。掌握蟾蜍食性的这种变化规律，对科学养殖蟾蜍，提高产量和效益十分重要。

表3-1　蟾蜍食性的变化

发育阶段	食性
胚胎	以分解卵黄为主
小蝌蚪期(3～20日龄)	以藻类等水中浮游植物为主食
中蝌蚪期(21～50日龄)	杂食性,以浮游动植物饵料为食
大蝌蚪期(51～90日龄)	以浮游动物饵料为主食
变态后成蟾	以动物性活饵(运动中)为主食

一、蟾蜍蝌蚪的饵料

1. 藻类植物

如色球藻、念球藻、隐球藻、微胞藻、胶胞藻、四胞藻、丝藻、原球藻、颤藻、球藻、星藻、新月藻、鱼腥藻、月牙藻、小球藻、舟形藻、小环藻、菱形藻等自养性浮游植物。

2. 浮游动物

如草履虫、轮虫、水丝蚓、正颤蚓、田螺、水蚤、桡足类、水生昆虫（如孑孓）等。

3. 水生植物

如浮萍等。

4. 腐败有机物

即有机物残渣，如动物尸体。

5. 泥沙

数量不多。

此外，也取食死蝌蚪和卵等，并有大蝌蚪捕食小蝌蚪的习性。

二、幼蟾及成蟾的饵料

蝌蚪变态后的幼蟾和成蟾的食性不同于蝌蚪，它们通常只捕食活的动物，它们主动寻找猎物或等猎物靠近到一定距离时突然捕捉猎物，这说明，蟾蜍的捕食活动对视觉有很大的依赖性。幼蟾与成蟾对饵料要求的不同之处是：幼蟾口较小，不能捕食大的食物，不能吞食大的饵料；成蟾口较大，能吞食较大的食物。据报道，变态后蟾蜍的食物有：蟋蟀、蝼蛄、蝗虫、蜚蠊、步行虫、拟步行虫、金龟子、金针虫、象鼻虫、吉丁虫、叶甲、拟叶甲、沫蝉、蚜虫、尺蠖、黑蚁、夜蛾、螟蛾、舞毒蛾、猎蝽、蝇、虻、蚊、蜘蛛、蛞蝓、蜗牛、蚯蚓等。由此可见，蟾蜍在自然条件下生长发育，其喜食的饵料十分丰富。但在人工养殖条件下，尤其是在高密度精养的情况下，天然饵料常不足，而变态后的蟾蜍喜食活动的饵料。所以，如何满足蟾蜍对饵料的要求，就成为人工养殖蟾蜍最关键的技术问题。

第二节 蟾蜍的营养需要

蟾蜍在生长繁殖过程中，需要从饵料中获得各种营养物质。蟾蜍生长发育不仅要求适于其食性的饵料种类，还要求一定的质量，即饵料的营养价值。蟾蜍的生长发育过程中，需要蛋白质、脂肪、碳水化合物（糖类）、维生素和无机盐 5 大类营养物质。其中，蛋白质作为蟾蜍组织的主要成分，脂肪和碳水化合物主要作为生命活动的能源物质，维生素和无机盐主要参与某些反应过程，因此在养殖过程中应根据蟾蜍的不同生长发育期来投喂各种饵料，以满足其营养需求而又不造成浪费。

一、蛋白质的需要

蛋白质是构成蟾蜍机体组织的基本原料。蟾蜍的肌肉、神经、内脏、皮肤、血液、骨骼等，均以蛋白质为基本组成成分。蟾蜍体内的酶和激素等也主要由蛋白质构成。蛋白质在蟾蜍体内通过代谢还能产生热量，维持生命需要。可以说，没有蛋白质就没有蟾蜍的生命。饵料中蛋白质的含量高低以粗蛋白含量来表示。粗蛋白是含氮物质的总称，包括纯蛋白质和氨化物。各种饵料中的粗蛋白含量差别很大，通常动物性饲料最高，油饼类次之，糠麸及禾本科籽实较低。

蟾蜍生长在水中，其对饵料中蛋白质的需要高于一般的禽畜，而与水中生活的肉食性鱼类和龟鳖类相当。蟾蜍对蛋白质的需要随着年龄、身体大小、生长发育阶段、饲养方式、环境因素的变化而变化。一般来说，蝌蚪对蛋白质的需要量低于幼蟾和成蟾，幼蟾对蛋白质的需要量又因其生长速度快而高于成蟾，种蟾又因繁殖中消耗了大量的蛋白质而对蛋白质的需要量高于商品蟾。一般认为，蝌蚪期为 20％～30％，幼蟾为 40％～50％，成蟾为 30％～40％，种蟾为 50％以上。当饵料中蛋白质供给不足时，会使蟾蜍体内蛋白质的代谢变为负平衡，体重减轻，生长率降低，并且影响卵子和精子的品质和数量，降低繁殖率、受精率和阻碍胚胎的正常发育等，还会减少抗体和免疫细胞的形成，使其抗病力下降。

但不是说饵料中蛋白质越多越好。从生理角度来说，过多的蛋白质将会加重蟾蜍肝脏和肾脏的负担，损害健康，造成减产。从经济角度来讲，蛋白质含量多的饵料其价格也高，过多使用会增加饵料成本，造成浪费，影响收入。

蛋白质由氨基酸组成，因此蛋白质的营养价值实际上是氨基酸的营养价值，取决于组成它的氨基酸种类、数量和比例。目前已知的氨基酸有20多种，其中赖氨酸、蛋氨酸、胱氨酸、苏氨酸、异亮氨酸、组氨酸、缬氨酸、亮氨酸、精氨酸、苯丙氨酸和甘氨酸等，由于蟾蜍体内不能合成，或虽能合成但合成速度及数量不能满足其正常生长的需要，必须由饵料供给，因此称为必需氨基酸。在这些必需氨基酸中，赖氨酸、蛋氨酸和色氨酸尤其重要，被列为限制性氨基酸。饵料中缺乏任何一种必需氨基酸，都会降低其粗蛋白质的有效利用率，都会阻碍蟾蜍的正常生长和繁殖。因此，评价蟾蜍的饵料营养水平时，仅看粗蛋白含量是不够的，还要看必需氨基酸的含量。蛋白质所含必需氨基酸愈完全，能合成蟾体蛋白质的部分愈多，其营养价值愈高。所以，在使用蛋白质饵料时，就要采取有效措施尽量提高蛋白质的生物学价值。提高蛋白质生物学价值的主要方法有：第一，采取多种饵料，发挥它们的互补作用，以提高生物学价值，如豆类籽实中蛋氨酸和胱氨酸不足，而赖氨酸和色氨酸较多，禾本科籽实则相反，二者配合起来，就可以起到互补作用，提高蛋白质的生物学价值。第二，合理加工调制饵料，如禾本科籽实、油饼类和动物性饵料，一般经过加温处理，其蛋白质生物学价值就会降低29%；相反，大豆、黑豆等煮熟或炒熟后饲喂，则可提高其蛋白质生物学价值7%。第三，在饵料中补加某些添加剂，如补加必需氨基酸（如赖氨酸、蛋氨酸等）。

二、碳水化合物的需要

碳水化合物是蟾蜍所需能量的主要来源。碳水化合物分为两大部分：一部分是易消化的淀粉和糖类，也称为无氮浸出物；另一部分为难消化的粗纤维。由于蝌蚪的肠道中含有纤维素酶，能将纤维素分解成单糖加以利用，而幼蟾和成蟾的肠道中缺少纤维素酶，难于消化纤维素。在蝌蚪饵料中粗纤维含量可达10%，而在幼蟾和成蟾饵料中粗纤维含量要低于10%。因为粗纤维含量过高，会阻碍饵料的消化，降低饵料的营养价值。但没有粗纤维，又会减小对肠胃的刺激，而使蟾蜍产生便秘。如果饵料中碳水化合物（如淀粉和糖类）供给不足时，往往由于能源缺乏，会使蛋白质转化为能量，造成蛋白质利用率下降，或者动用体内贮备的脂肪，引起体重下降。饵料中碳水化合物含量过多，会降低饵料的适口性，而增加饵料的消耗。据报道，蛙类饵料中淀粉的适宜含量为7.82%，可供参考。

三、脂肪的需要

脂肪是细胞的一个重要组成部分，蟾蜍体内的各种组织和器官中都含有脂肪。脂肪是蟾蜍体内的主要贮备能源，广泛分布于身体组织中，当饵料中能量不足时，脂肪即被分解，释放出能量。脂肪还可以保护内脏，减少机械冲撞、挤压损伤，同时可以防止体内热量的散发。脂肪还是蟾蜍体内脂溶性维生素及胡萝卜素的溶剂，饵料中如果脂肪含量不足，这些脂溶性维生素的功效将明显降低。脂肪对蟾类的生长繁殖是不可缺少的营养物质。但脂肪含量不宜过多，否则会引起消化不良、食欲不振，还会引起种蟾生殖能力下降。虽然蟾蜍需要一定量的脂肪，但因为饵料中的碳水化合物和蛋白质有一部分可以转化为脂肪，所以一般不必另行补加脂肪。

四、维生素的需要

维生素既不是蟾蜍能量的来源，也不是构成蟾蜍体组织的主要物质，但它是蟾蜍维持生命、生长发育和正常生理活动所必需的重要营养物质。与其他营养物质相比，蟾蜍对维生素的需要量是极微小的。维生素可分为脂溶性维生素和水溶性维生素两大类。脂溶性维生素是溶于脂肪而不溶于水的维生素，主要有维生素A、D、E、K等；水溶性维生素都能溶于水，主要有维生素B族以及维生素C等。

维生素的生理功能很重要，饵料中无论缺少哪一种维生素，都会造成蟾蜍新陈代谢紊乱、生长发育停滞或抗病力下降，从而产生各种疾病，严重时造成死亡。如缺乏维生素 A，蝌蚪和蟾蜍会产生眼盲症、腐皮病等；缺乏维生素 B 族，往往造成蟾蜍食欲不振、消化不良；缺乏维生素 E 则会造成种蟾的繁殖率下降。一般在饵料中加入适量的维生素（约占饲料量的 $5\times10^{-9}\sim5\times10^{-6}$）或定期加喂鱼肝油、复合维生素 B 片，就能满足蟾类对维生素的需要。

五、无机盐的需要

无机盐是构成蟾蜍机体的重要成分，是酶系统的重要催化剂，也是维持正常生理活动不可缺少的物质。蟾蜍在任何条件下，不可缺少无机盐。如果缺少无机盐，则不能保证蟾蜍的健康，以及它们的正常生长与繁殖，情况严重时还会导致死亡。

（1）钙与磷　钙与磷是骨骼与牙齿的重要成分，骨骼中所含的钙占全身总钙量的 90%以上，所含的磷占全身总磷量的 75%～85%。蝌蚪与幼蟾的骨骼和肌肉生长迅速，当饵料中钙、磷供应不足时，则骨骼生长缓慢、发育不良，严重时产生软骨病。为了保证钙、磷的吸收和利用，除在饵料中供应充足的钙、磷外，还要注意钙、磷的合理比例，一般为（1～2）∶1。供给足够的维生素 D，才能充分吸收钙、磷，一般在饵料中加入 2%～5%的骨粉、贝壳粉即可。

（2）钠和氯　钠和氯主要分布在体液和软组织中，是形成胃酸的原料，并能促进消化酶的活动，有利于脂肪和蛋白质的消化吸收，还能改善饵料的适口性，增进食欲，帮助消化。如果钠、氯不足，会引起食欲不振、消化不良，阻碍生长发育，造成体重下降、身体消瘦等。食盐是钠和氯的廉价来源，故在饲料中添加 0.2%左右的食盐能满足钠、氯的需要，加入量过多则可能引起食盐中毒。

第三节　蟾蜍的饵料种类

蟾蜍饵料的种类繁多，了解其营养特点（表 3-2、表 3-3）以及配合饲料的生产和使用，对提高饲料的转化率，降低成本，提高饲养效果，很有必要。

表 3-2 蝌蚪常用饲料营养成分 单位：%

饲料名称	粗蛋白	粗脂肪	粗纤维	无氮浸出物	钙	磷
莴苣叶	1.93	0.16	1.77	3.24		
白菜叶	0.11	0.17	0.93	4.36		
卷心菜	1.40	0.30	1.40	8.30	0.04	0.05
甜菜	1.6	0.10	1.40	7.00		
甘薯秧	1.40	0.40	3.30	5.00		
菠菜	2.4	0.50	0.70	3.10		
苜蓿	15.8	1.50	25.00	26.50	2.08	0.25
鲜浮萍	1.6	0.90	0.70	2.70	0.19	0.04
硅藻	22.87	13.60	14.30	14.30		
水浮莲	1.07	0.26	0.58	1.63	0.10	0.02
小米粉	8.8	1.40	0.80	74.8	0.07	0.48
玉米粉	6.1	4.50	1.30	73.00	0.07	0.27
大麦粉	10.8	2.10	4.60	67.60	0.05	0.46
黄豆粉	34.8	10.00	3.80	35.50	0.12	0.42
豆饼	35.90	6.90	4.60	34.90	0.19	0.51
花生饼	43.80	5.70	3.70	30.90	0.33	0.58
菜籽饼	37.73	1.50	11.69	30.48	0.71	0.98
麦麸	13.50	3.80	10.40	55.40	0.22	1.09
米糠	10.80	11.70	11.50	45.00	0.21	1.44
秘鲁鱼粉	61.30	7.70	1.00	2.40	5.49	2.81
国产鱼粉	53.50	9.80	3.90	0.40	2.15	4.50
脱脂蚕蛹	59.60	18.10	5.60	5.90	0.04	0.07
血粉	83.80	0.60	1.30	1.80	0.20	0.24
肉粉	70.79	12.20	1.20	0.30	2.94	1.42
蚯蚓粉	56.40	7.80	1.50	17.90		
蛋黄粉	32.40	33.20		8.90	0.44	
蜗牛粉	60.90	3.85	4.50	18.00	2.00	0.84
饲料酵母粉	56.70	6.70	2.20	31.20		
剑水蚤	59.81	19.80	10.0	4.58		
鳔水蚤	64.78	6.61	8.58	12.60		
长刺水蚤	36.38	12.07	6.90	25.19		
摇蚊幼虫	8.20	0.10		2.40		
条纹蚯蚓	56.40	7.80	1.50	17.90		

表 3-3　成蟾常用饵料营养成分

饵料成分	蛋白质/%	脂肪/%	碳水化合物/%	热量/kJ
猪肝	20.1	4.0	3.0	535
猪肠	6.9	15.6	0.5	711
鸡内脏	9.0	10.6		565
兔肠	14.0	1.3		293
淡水杂鱼	13.8	1.5		632
泥鳅	18.4	2.7		632
蚌肉	6.8	0.8	4.8	230
熟蜗牛	10.06	0.57		418
海杂鱼	13.8	2.3		351
蚕蛹	60.0	20.0	7.0	1874
干昆虫	57.0	3.9		
干蝇蛆	59.39	12.61		
蚯蚓	55.46	9.11		

一、饵料的分类

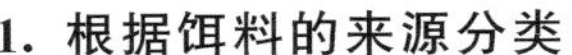

1. 根据饵料的来源分类

根据来源，饵料包括植物性饵料（青饵料、块根、块茎、瓜类、粗饵料、籽实饵料、加工副产品饵料等）、动物性饵料（乳业、屠宰业、渔业、缫丝的加工副产品等）、矿物质饵料（食盐、骨粉、贝壳粉等）以及特种饵料（饵料酵母、饵料添加剂等）。

2. 根据饵料特性分类

根据特性，饵料可分为精饵料、粗饵料和青饵料三大类。精饵料体积小，粗纤维含量低，但含能量高，如籽实类、糠麸类、油饼类等饵料。粗饵料体积大，粗纤维含量高，消化率低，含能量也低。青饵料包括栽培和野生的牧草、茎叶类等，具有含水分多、营养物质全面、易消化等特点。

3. 根据营养特点分类

根据营养特点，饵料可分为主要提供能量、蛋白质、维生素和无机盐的能量饵料、蛋白质饵料、维生素饵料和无机盐饵料。

此外，还可将饵料分为天然饵料和人工配合饵料。天然饵料包括水中的浮游动物、浮游植物（如各种藻类、草履虫、轮虫、水蚤、剑水蚤类及藻类），以及各种活动物（如蚯蚓、水丝蚓、田螺、福寿螺、黄粉虫、蝇蛆等）。人工配合饵料是根据蟾蜍各个生长阶段的营养需要，利用多种饵料按比例配合，并经科学加工制成的颗粒饵料。

二、各类饵料的特点

（一）蛋白质饵料的特点

蛋白质饵料是指干物质中蛋白质的含量在20%以上、粗纤维的含量在18%以下的饵料。蛋白质饵料包括动物性蛋白质饵料和植物性蛋白质饵料两大类。

1. 动物性蛋白质饵料的特点

来源于动物的饵料，如鱼粉、肉粉、血粉、蚯蚓粉，以及活的小鱼、小虾、昆虫、蚯蚓、蝇蛆和黄粉虫等，它们的共同特点是粗蛋白含量高，必需氨基酸齐全、平衡，生物学价值高，同时含粗纤维少，钙磷含量较高且钙磷比例适当，因而利用率高。此外，还含有较多的维生素B族，尤其是维生素B_{12}。常用的动物性蛋白质饵料为鱼粉。一般的鱼粉含粗蛋白55%～60%，含有丰富的赖氨酸、蛋氨酸和色氨酸，还含有较多的钙、磷和碘。用人工配合饵料时，鱼粉与谷类饵料配合使用可以起到氨基酸互补的作用。

2. 植物性蛋白质饵料的特点

植物性蛋白质饵料包括豆类籽实，如大豆、蚕豆、各种豆饼、花生麸等。它们的干物质中粗蛋白含量为25%～40%，消化能较高，脂肪含量也较多。在配合饵料中应用大豆饼或花生饼可以减少鱼粉的用量，降低饲料成本，一般用量为25%～35%。其用量过多会引起消化不良和造成饵料的浪费。

（二）能量饵料的特点

能量饵料是指含能量高（消化能大于10.45兆焦/千克）、粗纤维含量低于18%、易于消化的饵料。常用的能量饵料有玉米、大麦、小麦、大豆、稻谷等。能量饵料的粗蛋白含量较低，加上蟾蜍人工饵料中蛋白质饵料用量较多，因此在人工配合蟾蜍饵料时，能量饵料一般占总量的30%～40%。

（三）青饵料的特点

青饵料的营养特点是含水量高（75%～90%）。青饵料营养全面，但蛋白质含量较低，如禾本科牧草及蔬菜类饵料的粗蛋白含量为1.5%～3.0%，豆科青饵料的粗蛋白含量为3.2%～4.4%。青饵料可作为蝌蚪的补充料，可视蝌蚪的大小将青饵料打成浆或切细后混入其他饵料中投喂，或单独投喂。此外，优质的青饵料可晒干打成干粉后，以3%～5%比例加入配合饵料中，既可以提高配合饵料的利用价值，又可以降低配合饵料的成本。

（四）饵料添加剂的特点

饵料添加剂是向饵料中添加的少量或微量的物质，目的在于补足某种营养物质，满足蟾蜍的营养需要，促进蟾蜍的生长发育，同时提高饵料利用率，提高蟾蜍的抗病力，减少病害的发生。

饵料添加剂的种类很多，除常用的营养性添加剂（如无机盐、维生素和氨基酸添加剂）外，还有防病治病的抗病保健性添加剂。同时，为了保证配合饵料的质量，还有抗氧化剂、防霉剂等。

在饵料添加剂的使用中，要严格掌握添加剂的品种和用量，因某些品种之间有拮抗作用，使用不当就会降低饲料转化率，甚至发生中毒。此外，滥用抗生素类添加剂还会增加抗生素的残留，而有害于人体健康，降低其经济效益，还会污染环境。所以，饵料添加剂的选用要遵循安全无公害、经济和科学的原则。

第四节　人工配合饵料

随着蟾蜍饲养规模的扩大，饵料的需求量日益增大，若鲜活的动物性饵料（如蚯蚓、蝇蛆等）不能满足生产需要时，就必须大力发展人工配合饵料，才能保证蟾蜍养殖业的健康发展。

一、人工配合饵料的优点

人工配合饵料饲喂蟾蜍的优点：一是人工配合饵料能提供全面的营养物质，满足蝌蚪、幼蟾、成蟾生长发育的营养需要，促进生长和提高繁殖率；二是人工配合饵料适口性好，诱食性强，能促进蝌蚪和蟾蜍的摄食，提高饵料的利用率；三是便于贮存与保管，且不受季节等变化的影响，使用方便；四是人工配合饵料能较长时间浮在水面，蟾蜍摄食充分，可减轻水质污染。

二、人工配合饵料的配制原则

1. 科学性原则

必须以蟾蜍在不同生长发育阶段的营养需要作为配制饵料的依据；在满足营养需要的前提下，应根据蟾蜍摄食特点，注意配合饵料的形状、大小，以方便蟾蜍捕食，还应加入着色剂和引诱剂，以吸引蟾蜍尽快前来摄食；配合饵料必须制成浮性饵料，对于蝌蚪可制成粉末状饵料，而对于幼蟾及成蟾制成膨化颗粒饵料为好；必须保证原料质量，绝不能发霉、变质，也不能随便加入有毒的或不符合有关养殖标准的药物。

2. 经济性原则

选用原料必须符合因地制宜和因时制宜的原则，这样才可以充分利用当地的饵料资源，减少运输费用，降低养殖成本；有条件的地方，应建立饵料基地，有计划地生产饵料，这样饵料供应既主动，又不会受牵制。

3. 人工配合饵料配方示例

蝌蚪期、幼蟾与成蟾期饵料配方见表 3-4、表 3-5。

三、人工配合饵料加工

配合饵料的加工方法按生产数量和蟾蜍不同阶段摄食特点而定，常用的加工方法如下。

表 3-4　蝌蚪期饵料配方　　单位：%

成分	配方 1	配方 2	配方 3	配方 4	配方 5	配方 6	配方 7
鱼粉	60	—	—	—	20	—	15
蓝藻或颤藻	—	—	—	—	—	65	—
肉粉	—	—	20	—	—	—	—
血粉	—	—	—	20	—	—	—
蛋黄	—	—	—	—	—	35	—
蚕蛹粉	—	—	—	—	30	—	—
猪肝	—	—	—	—	—	—	25
小杂鱼	—	50	—	—	—	—	—
蚯蚓粉	—	—	8	—	—	—	—
花生饼粉	—	25	—	40	—	—	—
豆饼粉	—	—	10	15	—	—	—
麸皮	10	10	—	12	—	—	—
米糠	30	—	50	—	—	—	43
大麦粉	—	—	—	10	50	—	—
小麦粉	—	13	—	—	—	—	—
白菜叶	—	—	10	—	—	—	—
菠菜	—	—	—	—	—	—	10
无机盐添加剂	—	—	—	2	—	—	—
螺壳粉	—	—	2	—	—	—	—
维生素添加剂	—	—	—	1	适量	—	—
饲料酵母粉	—	2	—	—	—	—	—
甲状腺素(另加)	—	—	—	—	—	3/4 片	—
骨胶	—	—	—	—	—	—	7

表 3-5　幼蟾与成蟾期饵料配方　　单位：%

成分	配方 1	配方 2	配方 3	配方 4	配方 5	配方 6	配方 7	配方 8	配方 9	配方 10
鱼粉	30	40	30	20	35	20	20	40	35	30
肉粉	—	—	—	20	—	—	—	—	—	20
蚕蛹粉	—	—	—	—	—	20	30	—	—	—
豆饼	40	30	—	30	35	30	—	—	35	30
花生饼	—	—	40	—	—	—	—	30	—	—

续表

成分	配方 1	配方 2	配方 3	配方 4	配方 5	配方 6	配方 7	配方 8	配方 9	配方 10
蚯蚓粉	—	—	—	—	—	—	—	—	5	—
大麦粉	—	—	—	—	—	—	50	—	10	—
玉米粉	15	15	—	15	15	15	—	20	—	—
苜蓿粉	5	5	—	—	—	—	—	—	—	—
麸皮	10	10	—	15	15	15	—	10	—	10
米糠	—	—	15	—	—	—	—	—	15	10

1. 粉料的加工

粉料主要用于制作蝌蚪配合饲料，适于小型蟾场自制自用。加工时先将各种原料用粉碎机加工成粉状，过 50～60 目筛。然后，按配方称取各种原料粉，用部分原料粉（如玉米粉或大麦粉）作载体，将适量添加剂混合均匀后，再与其他原料粉一起倒入搅拌机混合，混合均匀后倒出，立即喂蝌蚪或装入袋中待用。粉料的加工工艺简单，但粉料无漂浮性，易沉底，大量积于池底时容易污染水质，不利于蝌蚪的生长发育。使用时，一方面要精确计算用量；另一方面要使用食盘，食盘浸入水中 5～10 厘米，既防止饵料迅速沉入水底污染水质，又易于清除剩料。

2. 颗粒料的加工

颗粒料可投喂蝌蚪、幼蟾和成蟾，适用于小型蟾场自制自用。加工时，首先将原料用粉碎机粉碎，过 50～60 目筛。然后，按照配方要求将所有原料倒入搅拌机中混合搅拌均匀，并加入添加剂、黏合剂和适量水制成团状，切块后上笼蒸 30 分钟左右，使其粘成团粒状，冷却后用手搓成团粒，或者放入颗粒饲料机中制成颗粒状即成。颗粒料易变质腐败，不宜保留太久。如在陆地场所饲喂颗粒料，应先用水浸湿，以免引起蟾蜍消化不良或胀肚。如是水中撒食，要用饵料台，以免沉入水底，造成浪费和水体污染。

3. 膨化颗粒料的加工

膨化颗粒料是通过膨化机制成的相对密度小于 1、能较长时间浮于水面的颗粒饵料，可用于各龄蝌蚪及成蟾的水中投喂。使用膨化颗粒料，可减少对水质的污染，且可以随波漂动，造成饵料的活动感，而促进成蟾的摄食。这样，既能减少饵料的浪费，又能减少对水质的污染，还能大量生产，保存期长。因此，它是养蟾最好的饵料。膨化颗粒料的加工需要膨化机，加工时按配方称取原料，先将植物性原料进行粉碎，过 60 目筛后与动物性原料、添加剂、黏合剂分别倒入搅拌机混合，混合过程中往原料中加水，使原料湿度达 20%～22%，待其混合均匀并黏合成团后放入膨化机膨化，切成颗粒状。经烘干或晒干至水分低于 12%后冷却、包装、待用。一般成蟾饵料的粒径为 0.5～0.8 厘米，幼蟾饵料的粒径为 0.2～0.4 厘米，刚变态的幼蟾饵料粒径则为 0.1～0.2 厘米。需要注意的是：膨化颗粒料膨化时的高温高压会使营养成分遭到严重破坏，维生素尤其损失大，通常需添加正常需要量的 3 倍才能满足需要。

第五节　天然饵料的采集

自然界存在的各种水藻、水丝蚓、各种昆虫、蚯蚓、蜗牛、田螺等动植物都是成蟾的天然饵料，其中一些种类是有益动物，要谨防过量采集，其他种类可采用各地管用的方法收集，在此仅介绍灯光诱蛾与人工捕捞。

一、灯光诱蛾

蛾虫是蟾蜍的活饵料。蛾虫对波长 0.33～0.4 微米的紫外光具有较强的趋向性。黑光灯所发出的紫光和紫外光，一般波长为 0.33 微米，是蛾虫最喜欢的光。利用这一特点，用黑光灯可大量诱集蛾虫。实践表明，在蟾蜍养殖池中装配黑光灯，利用其所发出的紫光和紫外光引诱蛾虫，可以为蟾蜍增加一定数量优质的鲜活动物性饵料，加快并促进它们的生长，降低养殖成本，提高经济效益。

（一）黑光灯的装配

1. 灯管的选择

试验表明，效果最好的是 20 瓦和 40 瓦的黑光灯，其次是 40 瓦和 30 瓦的紫外灯。一般选择 20 瓦的黑光灯管。

2. 灯管的安装

选购 20 瓦的黑光灯管，装配上 20 瓦的普通日光灯镇流器。灯架为木质或金属三角形结构。在镇流器托板下面，黑光灯管的两侧，装配宽 20 厘米、长与灯管相同的普通玻璃片 2～3 片，玻璃片间夹角为 30 度～40 度，然后接好电源（220 伏）开关。

3. 固定拉线

在池塘一端离水 5 米处的围堤内侧或外侧埋立高 1.5～2 米的木桩或水泥柱，桩或柱的左右分别拴两根铁丝，间隔 50～60 厘米，下面一根离水面 20～25 厘米，拉紧固定后，用来挂灯管。

4. 挂灯管

在两根铁丝的中心部位，固定安装好黑光灯管，并使灯管直立仰空 12 度～15 度角，以增加光照面，0.067～0.2 公顷的池塘一般要挂 1 组，0.3～0.7 公顷的池塘可以分别在池塘的两对角安装 2 组。夜间灯诱时，蛾虫扑向黑光灯碰撞在玻璃片上，触昏后掉落水中，有利于蟾蜍摄食。

（二）诱虫时间与种类

1. 诱虫时间

黑光灯诱虫为每年的 5 月至 10 月初，共 5 个月时间。在此期间，除大风、雨天外，每天诱虫高峰期在晚上 20～21 时，此时诱虫量可占当夜诱虫量的 85%以上，午夜 24 时后诱虫数量明显减少，为了节约用电，延长灯管使用期，午夜 24 时以后即可关灯。夏天白昼时间较长，以傍晚开灯最佳。根据测试，每天适时开灯 1～2 小时效果最佳。

2. 诱虫种类

据报道，黑光灯所诱集的飞蛾种类较多，有明显的季节性变化。7月份以前，多诱集棉铃虫、地老虎、玉米螟、金龟子等，每组灯管每夜可诱集1.5～2千克。7月份以后气温渐高，多诱集金龟子、蚊、蝇、蜢、蚋、蝗、蛾、蝉等，每夜可诱集3～4千克。从8月份开始，多诱集蟋蟀、蝼蛄、蚊、蝇、蛾等，每夜可诱集4～5千克。

（三）诱虫效果

据观察，一盏100瓦的黑光灯在一夜可以诱杀蛾虫数万只。这些虫子掉进池塘里，可直接为蟾蜍提供大量蛋白质丰富的动物性鲜活饵料，而且蟾蜍在争食时，游动急速、跳动频繁，可促进蟾蜍的新陈代谢，增强蟾蜍体质和抗逆性，减少疾病的发生，对蟾蜍的生长发育有良好的促进作用，同时还有利于保护周围的农作物和森林资源。

（四）注意事项

1. 灯管不宜吊挂

黑光灯不宜吊挂，否则会减少光照面而影响诱虫效果，比较合理的安装方法是在池塘离水5米处，使灯管直立仰空12度～15度角以增强紫光、紫外光的照射，从而提高诱虫量。

2. 最好选用黑光灯诱蛾

白炽灯光线过强，部分蛾虫因强烈的灼热感，避而远之；灯光穿透能力差，不能吸引远处的蛾虫。因此，白炽灯的诱集效果远不及黑光灯。利用黑光灯诱虫，可以避免上述的缺陷。

3. 最好安装双层黑光灯

双层黑光灯有利于吸引远处的蛾虫并易使其落入水中。如果用单层灯，灯管挂低了，远处蛾虫难以见到紫外光，因而不易被吸引过来；灯管挂高了，虽能吸引远处的蛾虫，但蛾虫不易落入水中，达不到捕蛾为饵的目的。

4. 改通宵开灯为傍晚定时开灯

灯光诱蛾在傍晚的20～21时所诱集的蛾虫数量最多，时间向后推移则诱虫量明显减少。如果通宵开灯，不但浪费了大量的财力、物力，而且还会使蟾蜍因连续抢饵而消耗大量的体力。所以，要放弃通宵开灯的做法，改为每天傍晚20～21时定时开灯。

5. 防止漏电、触电

在黑光灯上应加一层防雨罩（也可用白铁皮或废旧铝锅盖自制），以防雨天漏电伤人。

6. 注意“四不开”

大风之夜蛾虫数量少，可以不开灯；圆月之夜，黑光灯散出光线较微弱，可以不开灯；夜晚22时以后蛾虫大都停止活动，蛾虫诱集的数量逐渐减少，可以不开灯；雨夜，蛾虫的羽翼易受雨淋，很少活动，且雨水易引起灯管爆炸或电线接头短路，故此时不宜开灯。

二、人工捕捞

（一）天然鱼虫的捕捞

鱼虫是污水坑塘中滋生的各种浮游生物的俗称，主要有枝角类、桡足类、草履虫、轮虫等。这些鱼虫体内含有大量的蛋白质，其含量竟高达自身干重的40%～60%，是蟾蜍蝌蚪期的良好饵料。

1. 天然鱼虫的生活习性

鱼虫大量生长于城市郊区、村镇和集市附近的肥水池塘、河沟中。水中鱼虫数量的多少和水质、营养程度、气候、温度等因素有密切的关系。在一年四季中，以春季数量最多（根据有关资料报道，气温上升至10℃以上时，浮游动物开始大量繁殖）；夏季数量少；秋季，浮游动物繁殖很快，形成较大的群体，此时捕捞的多余鱼虫可以晒干，做成“干鱼虫”贮存；冬季数量最少。在季节变化中，不同时期浮游动物的种类也有变化。例如，在京、津地区，早春季节水体中桡足类较多；在晚春和夏季，枝角类较多；夏季水温较高，轮虫和枝角类较多；冬季只有很少的桡足类。水温较高时，水蚤群集在水的表面；水温低时，它们又沉于水底，不易被发现。在溶氧较高的湖泊、水库、江河中的水蚤，身体透明稍带绿色。

鱼虫除有季节性的活动规律外，昼夜间活动也有一定规律。例如，每当傍晚，水蚤从水的深层开始移到水的表面，结群成片，使水的表面呈红色的网状云纹，细看有小虫子在抖动；日出前，又逐渐返回水的深处，这种规律是因为水蚤和其他的水生动物一样，生活中缺少不了氧气。在傍晚和黎明前，水中的绿色植物不进行光合作用，却消耗水中的氧气，水中的污物、腐败物也消耗氧气，在水中缺氧的情况下，水蚤都浮到水的上层呼吸；日出后，水中的氧气逐渐充足，它们又返回水的深层生活。如遇闷热天气，白天亦有大量鱼虫上浮。浮游生物的这种活动规律非常明显，所以捕捞鱼虫时，一定要掌握这种规律，要在日出前赶赴水塘捕捞鱼虫才有收获。

2. 天然鱼虫的捕捞

捕捞浮游鱼虫的传统工具一般为大布兜子，制作方法没有特殊的规定，轻巧、好用即可。一般可用 6 毫米的钢筋卷成直径 15 厘米的圆圈，并固定在竹竿的一端（竹竿长 1.5～2 米），然后用细纱布制成长 1 米、口直径 16 厘米、尾直径 6 厘米的圆筒状网。网底不缝合（使用时以细绳系紧即可），网口用线缠附在钢筋圆圈上，并缠附上与圆圈大小相同的塑料窗纱即可。

每年 4～9 月为鱼虫繁殖旺季，特别在 5～7 月间，江河、池塘、水坑中较为多见。根据鱼虫（蚤类）缺氧上浮、日出后氧足下沉的生活特性，黎明或傍晚外出捕捞最为合适。若水面鱼虫呈棕红色网状分布，则说明鱼虫数量较多，可用长柄捕饵网捕捞。捕捞时，捕饵网要紧贴水面左右摆动，或做划圈动作，吃水不能太深，动作应轻快敏捷，避免用力过猛冲散鱼虫群。

冬季，鱼虫繁殖量减少，加上气温降低，鱼虫潜入水底越冬，捕捞时需加长网柄和网兜，深入水的中、下层，沿圆圈形走向来回捕捞。捕捞时要注意水色、风向和水流方向，一般在下风和水流下游避风处鱼虫多；水质污染严重，水色浑浊呈酱色、黑色处，鱼虫比较少。

值得注意的是，最好不要到精养鱼池里去捕捞，因为人工密集养鱼池塘往往含有大量的致病菌，捞回鱼虫饲喂蟾蜍，可能将致病菌带入养殖水体，产生传染病。

3. 天然鱼虫的清洗

鱼虫捞回后，要清洗干净才可喂蟾蜍，以免将天然水域中的敌害生物及致病菌带入蝌蚪池。清洗的方法是：将捞回的鱼虫，立即倒入盛有清水的缸内，接着用大布兜子将鱼虫捞至另一清水缸内，如此反复3～4次，待所有和鱼虫混杂的污泥浊水清洗干净，鱼虫的颜色也由刚捞回时的酱紫色变为鲜红色时，才可以用来喂蝌蚪。过滤清洗鱼虫时，要把活鱼虫和死鱼虫分开，即在清洗时注意死活鱼虫的分层现象，因绝大部分活鱼虫均浮游在水的表层，而死鱼虫则沉在缸底。第一次过滤清洗时，便要将两者分开，分别清洗干净。

4. 天然鱼虫的保存

为使蝌蚪经常能吃到活鱼虫，减少捕捞次数，可将捕回的鱼虫稀释分养在盛有熟水的缸盆内，每天换水1～2次，一般夏天可保存1～2天不死亡，冬天可保存3～4天不死亡。

（二）水蚯蚓的捕捞

水蚯蚓又名丝蚯蚓、红丝虫、赤线虫等，属环节动物中水生寡毛类。水蚯蚓形状像蚯蚓幼体，体色鲜红或青灰，细长，一般长4厘米左右，最长可达10厘米，其蛋白质含量高，营养丰富。用水蚯蚓饲喂的动物抗病力强、生长快、成活率高。因此，水蚯蚓成为发展特种养殖业的优质鲜活饲料。

1. 水蚯蚓的生活习性

水蚯蚓分布范围广泛，以在含腐殖质多、接近居民生活废水和畜禽污水出口处聚集较多。在江、河、湖、泊、沼泽地、湿地、沟渠、牧场排污沟的出水口或居民生活区地下排水管口附近，常可见水底宛如铺有红地毯一般的景象，这就是水蚯蚓大量存在所致。水蚯蚓生长高峰期为4～10月份，水温在18～28℃时，最多可达4～5千克/米^2。

2. 水蚯蚓的捕捞

捕捞水蚯蚓需要捞网、塑料盆或木盆（直径70～90厘米，高

20 厘米）、下水裤和塑胶手套。捞网用 40～60 目的聚乙烯纱绢做的长带形捞网（手抄），长 80～120 厘米，网口直径 40～50 厘米，并用直径为 8～10 毫米的钢圈固定，底口直径 10～20 厘米，装有活动的绳套。水蚯蚓喜生活于淤泥的表层，在微流水中扎堆呈块状或带状。捕捞时，操作者穿好下水裤，戴上手套，手持捞网，站在泥水中用手将呈带状、块状的水蚯蚓从贴泥的捞网口赶入捞网内。捞网在水中泥面上宜拖曳前进。提起捞网后应立即将水蚯蚓放到清水中漂洗，以洗掉夹杂的泥浆和细沙。漂洗完毕，即可将水蚯蚓装入事先准备好的塑料编织袋中。

3. 水蚯蚓的分离与暂养

首先将捕捞到的水蚯蚓倒入干净的大塑料盆中，平铺盆底，厚度为 6～8 厘米，然后加入适量清水，再覆盖遮光。水蚯蚓具有避光性，加之密集缺氧，它会立即游到水表层，约 20～30 分钟后，大量水蚯蚓在表层结成一块，与一些杂物分离，这时可用手直接捞起水蚯蚓，移入事先准备好的暂养池。暂养池以砖混结构的水泥池为好，面积 10～20 米^2，水深 30～40 厘米，保持微流水，同时使用充气泵增氧。水温 20℃以下时，一池可暂养 100～200 千克水蚯蚓 10～15 天；20～24℃时可暂养 7～10 天；26℃以上时仅可暂养 2～3 天。如遇高温天气，加入冰块或使用井水降温，可延长暂养时间。暂养情况的好坏，可根据水蚯蚓的扎堆情况来判断。扎堆紧密成团，说明生长良好；否则，说明其生长不良。

第六节　蝌蚪活饵的人工培育

一、浮游生物的培育

浮游生物是蝌蚪的主要天然饵料。在蟾蜍卵开始孵化时向蝌蚪池中投放发酵腐熟的牛粪、猪粪或鸡粪等有机肥，施肥量依池水的肥瘦而定，一般每平方米施肥 0.5～1 千克，当蝌蚪下池时，池中就会有浮游植物供蝌蚪摄食。当蝌蚪长大后，也可以在池中摄食大量的浮游生物。

浮游生物的培育也可在一个固定的小池中投入青绿的白花臭草，浸泡 15 天后，池中即能繁殖出大量的浮游生物。此时，可将带有浮游生物的池水定期泼入蝌蚪池，供蝌蚪摄食。

二、草履虫的培育

草履虫属于原生动物门的纤毛纲，是一类体形较大的单细胞动物，在自然界广泛分布，是蟾蜍幼体培育阶段的理想活饵料。草履虫种类很多，其中体形最大和最常见的是大草履虫（图 3-1）。

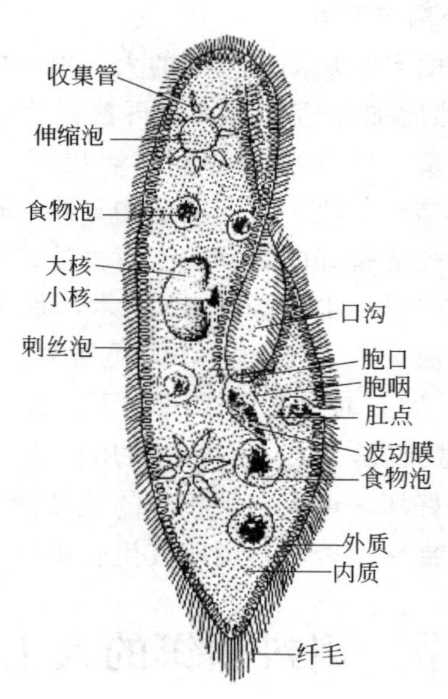

图 3-1　草履虫

（一）生活习性

草履虫通常生活在水流速度不大的水沟、池塘和稻田中，大多积聚在有机质丰富、光线充足的水面附近。当水温在 14～22℃时，繁殖最旺盛，数目最多。

（二）采集

水沟和池塘是草履虫的主要生活场所。在气候温暖的季节，到没有污染的水沟、池塘岸边，选择枯枝落叶多的地方，用几个广口瓶沿水面在不同地点采集池水。采集后，在广口瓶内放置少许水草，瓶口不要加盖，以免草履虫因缺氧而窒息死亡。取回后，要把盛有池水的广口瓶放在温暖、明亮、阳光又不直射的地方，使瓶中的革履虫迅速繁殖。三五天以后，对着光线用肉眼观察，如果看到水中有许多小白点在不停地游动，很可能就是草履虫。这时，用吸管吸取一滴带有小白点的水，放在载玻片上，用显微镜进行观察，在视野中会看到各种微小生物。如果发现有像倒置的草鞋一样的小动物，不停做螺旋运动，那就是草履虫。

（三）培育与采收技术

1. 配制培养液

草履虫培养液的配制方法通常有以下几种。

（1）稻草培养液　取新鲜洁净的稻草，去掉上端和基部的几节，将中部稻茎剪成3～4厘米长的小段，按1克稻草加100毫升清水的比例，将稻草和清水放入大烧杯中，加热煮沸10～15分钟，当液体呈现黄褐色时停止加热。这样的液体，由于加热煮沸，只留下了细菌芽孢，其他生物已均被杀死，为培养草履虫创造了良好条件。为了防止空气中其他原生动物的包囊落入和蚊虫产卵，烧杯口要用双层纱布包严，然后放置在温暖明亮处进行细菌繁殖。经过3～4天，稻草中的枯草杆菌的芽孢开始萌发，并依靠稻草液中的丰富养料迅速繁殖，液体逐渐混浊，等到大量细菌在液体表面形成了一层灰白色薄膜时，稻草培养液便制成了。由于草履虫喜欢微碱性环境，如果培养液呈酸性，可用1%碳酸氢钠调至微碱性，但pH值不能大于7.5。

（2）麦粒培养液　将5克麦粒放入1000毫升清水中，加热煮沸，煮到麦粒胀大裂开为止。然后在温暖明亮处放置3～4天，便制成了麦粒培养液，此时培养液中已繁殖有大量的细菌。

（3）酵母培养液　取2克干酵母粉，用少量清水调成糊状，加250毫升清水，待几小时后接种草履虫。

（4）牛奶培养液　取一匙脱脂奶粉，用少量清水拌成糊状，然后注入500毫升开水，充分搅拌均匀，冷却后接种草履虫，保持适宜温度。

2. 接种

接种是指将采集来的草履虫转移到培养液的过程。接种草履虫时必须提纯，否则会混入其他小动物。这不但会影响草履虫的纯度，而且一旦混入草履虫的天敌，便会使培养液中草履虫的数量急剧下降。

接种时，先将含有草履虫的水液吸到表面皿中，再将表面皿置于低倍显微镜或解剖镜下观察，发现有草履虫后，用口径不大于0.2毫米的微吸管，将表面皿中的草履虫逐个吸出，接种到广口瓶培养液中进行繁殖。

3. 培养

将接种有草履虫培养液的广口瓶，放在温暖明亮处进行培养，培养液的容器口要用纱布包严。大约1周后，就会有大量草履虫出现。如果是长期培养，每隔3天左右需更新一次培养液。更新时，用吸管从广口瓶底部吸去培养液及沉淀物，每次要吸去一半培养液，再加入等量新鲜培养液。这样可使草履虫长期得到保存。

如果水样中混杂其他微型生物的种类与数量过多、不易排除，就需要采用逐步扩大法。一般是从水样中取液，在凹玻片内滴上1～2滴，放置在显微镜下，边观察边用微吸管吸走其他微型生物。当凹坑水中无任何其他微型生物而只含草履虫时，往凹坑中放少许培养液，在25～30℃下培养，每日补加1/3～2/3培养液。如果几天后，草履虫数量有所增加，就将其转入表面皿或培养皿，继续扩大培养。如果再过几天草履虫纯化培养效果理想，数量又有所增加，就要转入大容器培养液中继续培养，一直到大容器培养液出现云雾状群落，镜检全是草履虫时为止。

这里需要特别指出的是，草履虫的培养有可能失败。原因很多，其中有两点是主要的：第一，可能是接种草履虫的数量过少，个体质量又较差，它们进入新环境后，遇有不适，很快死去，未能传宗接代；第二，可能是稻草之类的材料发霉或残留农药过多，接种后的草履虫中毒死亡，不能繁殖。因此，一旦发现培养液混浊、有特异臭味，镜检无草履虫时，就要放弃。为避免由于培养失败而贻误工作，应多做几瓶培养液，多选用几种培养方法。

4. 采收

草履虫繁殖数量达到顶峰时，如不及时捞取，次日便会大量死亡。因此，一定要每天捞取，同时补充培养液，如此连续培养，连续捞取，就可不断地得到活饵。

三、水蚯蚓的培育

水蚯蚓（亦称丝蚯蚓、红线虫等）是环节动物水生寡毛类的俗称，是淡水底栖动物区系的重要组成部分。水蚯蚓一般个体较小，在水中摆动，是蟾蜍的良好开口饵料，适于幼蟾摄食，且营养成分丰富、全面，鲜体含粗蛋白 8.85%，含氨基酸 18 种。其对环境适应性强，易于培育，增殖速度快，适口性好，不坏水质，是蟾蜍优良的天然饵料。用水蚯蚓养殖蟾蜍的种苗生长极快、成活率高、不易得病。

（一）水蚯蚓常见种类

在我国已知的水生寡毛类共 5 科，约 28 属 70 余种，分属于两个目。在水蚯蚓养殖中，比较常见、分布范围较广、数量比较大、比较适合养殖的种类有如下几种：

1. 苏氏尾鳃蚓

苏氏尾鳃蚓在我国各地广泛分布。尾鳃蚓虫体较粗，直径约 1.2～2.2 毫米。常卷曲，活体伸延时长度达 100 毫米以上。活体呈紫红色，体节 185 或更多，每节背腹均有刚毛。性成熟个体头后 Ⅹ～Ⅻ体节上有一明显的环带，呈灰白色隆肿块。体后部约 1/3 处始，背腹正中线每节有一对丝状的鳃，最前面的最短，逐渐增长，有 60～160 对之多。这是与其他水蚯蚓的明显区别。多分布于沟渠流水两侧 3～5 厘米的泥层中，属喜氧种类。生活时淡红色的尾鳃伸出泥土，以伸展的鳃丝为平面做上下摇动，其频率达 100 次/分钟左右。受惊扰时尾鳃立刻缩入泥中。在高温或缺氧时，尾鳃伸出更长，且鳃丝伸展更开。苏氏尾鳃蚓的蚓茧呈卵圆形或蚕豆形，长径 1186～2745 微米，短径 1047～1733 微米。淡褐色，胶膜透明，一个卵茧内通常含卵粒 1～4 枚，多者达 7 枚。卵随发育程度不同，呈现或深或浅的褐黄色。蚓茧的一端有一个突出似塞子的“柄”，孵出的幼蚓由此“柄”破茧而出。蚓茧的孵化时间随水温高低而不同，25～30℃时约需 25 天，14～21℃时需 28 天。

2. 霍甫水丝蚓

霍甫水丝蚓也是一种广泛分布的水蚯蚓。霍甫水丝蚓体较细长，体直径约 0.5～1.2 毫米，体长约 35～55 毫米，无鳃。体呈褐红色而后部略呈黄绿色，与中华颤蚓不同。环带似戒指状。霍甫水丝蚓分布在腐殖质丰富的泥中，深度可达 20 厘米以下，较耐低氧。水中氧充足时虫体呈红褐色，氧少时呈浅褐色，缺氧时常群裹成一团，停留在泥表近水面或深藏泥中。平常生活时，虫体伸出泥土，做左右蛇形摆动，频率约 80～90 次/分钟。对光线和惊扰十分敏感，能迅速缩入泥中，其表面留有一节小泥管。霍甫水丝蚓的蚓茧略似纺锤状，但两端都有一个突出的似塞子样的短“柄”。卵茧呈深褐色，胶膜不甚透明，内含卵粒一般为 4 枚，多者为 7 枚。蚓茧孵化时间，在水温 26～31℃时，约需 10～15 天。

此外，常见的还有颤蚓科的中华颤蚓、淡水单孔蚓以及仙女虫科的尾盘蚓。中华颤蚓体长 80～150 毫米，宽约 1 毫米，体色微红。淡水单孔蚓体长约 15～40 毫米，体最宽约 1 毫米，生活时颜色呈淡白色，后端微红。尾盘蚓，体后端有一尾鳃盘。

（二）生活习性

水蚯蚓通常生活在微流水、有机质丰富的水底淤泥中。在腐殖质多的地方，有机污染较为严重，氧气往往缺乏，它们在缺氧的环境中，从泥底伸出大部分身体，不断摆动，很有节奏，以此促进水流形成，以利于虫体进行气体交换，水中氧气越少，则摆动越快。

一旦受惊，则一起缩入泥中。水蚯蚓吞食泥土，同时从土中摄取细菌、有机碎屑颗粒以及底栖藻类，另外也可取食一些土中的微型动物，通过肛门排泄粪便。水蚯蚓为雌雄同体，异体受精。交配时，两个个体前端以腹面相结合，各雄孔排出精液到对方受精囊内贮存，交换精液后分开。卵成熟后，环节分泌黏物形成带状的卵袋（卵茧）。卵产于卵袋内，卵袋向前移动到受精囊孔处，精液流出而使卵子受精。卵袋由身体前端脱落沉于水底泥中。卵袋两端开口处自动收缩而封闭成为椭圆形的卵茧。受精卵在卵茧中发育成为小蚯蚓。从受精卵孵出幼蚓所需的时间随水温高低和种类而不同，生长发育的速度也因水温高低而有所差别。水蚯蚓寿命通常为 80 天左右，少数能活到 120 天。水蚯蚓繁殖力极强。水蚯蚓和陆生蚯蚓一样，再生能力很强，切断后能很快再生成完整的个体。

（三）水蚯蚓的培育与采收技术

水蚯蚓的培育可以采用池养，亦可田养，还可利用现成的沟、渠、坑等水体进行培养，以池养的产量最高。

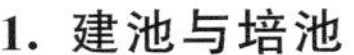

1. 建池与培池

宜选水源充足、排灌方便、坐北朝南的地方建池。城郊生活污水排放沟旁的零星空地、热电厂废水池边、小溪河旁、水库坝下、鱼种场站的渗漏水集散地都是建池的好地方。水蚯蚓池长 10～30 米、宽 1～1.2 米、深 0.2～0.25 米。池底最好铺一层石板或打上“三合土”，要求蚓池有 0.5%～1%的比降，在较高的一端设进水沟、口，较低的一端设排水沟、口，并在进、排水口设置金属网栏栅，以防鱼、虾、螺等敌害随水闯入池中。注意，蚓池要有一定的长度，否则投放的饲料、肥料易被水流带走散失。如果无法建成长条形时，可因地制宜建成环流形池或曲流形池等。培养池里淹没培养基的水层一般保持在 10 厘米左右，过浅或过深均不利于水蚯蚓的生命活动和繁殖。

2. 制备培养基

优质的培养基是缩短水蚯蚓采收周期，从而获得高产的关键。培养基的原材料可选用富含有机质的污泥（如鱼塘淤泥、稻田肥泥、污水沟边的黑泥等）、疏松剂（如甘蔗渣等）和有机粪肥（如牛粪、鸡粪等）三类物质。装填程序是：先在池底铺垫一层甘蔗渣或其他疏松剂，用量是 2～3 千克/米^2，随即铺上一层污泥，使总厚度达到 10～12 厘米，加水淹没基面，浸泡 2～3 天后施牛、鸡、猪粪（10 千克/米^2 左右）。接蚓种前再在表面敷一层厚度 3～5 厘米的污泥，同时在泥面上薄撒一层经发酵处理的麸皮与米糠、玉米粉等的混合饲料（150～250 克/米^2）。最后加水，使培养基面上有 3～5 厘米深的水层。这时就可引进水蚯蚓种。生产实践证明，新建池的培养基一般可连续使用 2～3 年。

3. 引种

水蚯蚓对各种环境的适应能力很强，种源在各地都很丰富。城镇及其城乡结合部的排污沟，港湾码头，禽畜养殖场，屠宰场，食堂餐厅，居民生活区的下水道，皮革厂、食品厂、糖厂排放废物的污水沟等处，往往生活着大量的水蚯蚓，可就近因地制宜捕捞天然蚓种。引种时间一般在 9 月中、下旬，当气温降至 28℃左右时即可引种入池。蚓种可连同污泥、废渣一起运回，因为其中含有大量的蚓卵。接种工作比较简单，即把采回的蚓种均匀撒在蚓池的培养基面上即可。每平方米培养面积以 500～750 克蚓种为宜。这样的接种量在水温 25～28℃的条件下培育 30 天，每平方米日产蚓量可达 500 克左右。

4. 日常管理

接种之后，日常管理工作是获取高产极为重要的环节之一。

（1）水蚯蚓饵料的准备和投喂　凡无毒的有机物质经腐熟酵解之后都可用作水蚯蚓的饵料。水蚯蚓特别喜欢摄食具有甜酸味的麦皮、米糠、玉米粉等粮食类饵料，人和禽畜粪便、生活污水、农副产品加工后的废弃物经发酵腐熟后也是它们的优质饵料。不管哪一种饵料，在投喂之前（尤其是粪肥），必须充分发酵腐熟，一是利于养料的分解转化和蚯蚓的摄食，二是可避免生料在蚓池内发酵产热而引起蚯蚓死亡。

粪肥可按常规在坑凼里自然腐熟；粮食类饵料在投喂前 16～

20 小时加水发酵，在 20℃以上的室温条件下拌料，加水量以手捏成团、丢下即散为度，然后铲拢成堆、拍打结实、盖上塑料布即可。室温在 20℃以下时，需加酵母片促其发酵，用量是每 1～2 千克干饵料加酵母片 1 片左右。在前一天下午 3～4 点钟拌料，第二天上午即能发酵熟化。揭开塑料布有浓郁的甜酸酒香味即证明可以喂食了。通常把投料时间安排在采收水蚯蚓之后。投喂肥料时，应先用水稀释搅拌，除去草渣等杂物，再均匀撒在培养基表面。切勿撒成团块状堆积在蚓池里。投饲前要关闭进水口，以免饵料漂流散失。欲使水蚯蚓繁殖快，产量高，必须定期投喂饵料。接种后至采收前，每隔 10～15 天，每亩应追施腐熟粪肥 200～250 千克。自采收开始，每次采收后即追施粪肥 300 千克左右，以及粮食类饵料适量，以促进水蚯蚓快繁速长。

（2）培育环境控制　水、气温、酸碱度（pH）、氧气、培养基（土质）、饵料等环境因子与水蚯蚓的生存、生长和繁殖密切相关。在饲养管理中要认真做好调控工作，以保障水蚯蚓健康快速生长繁殖，达到稳产高产的目的。

水深调控在 3～5 厘米比较适宜。早春的晴好天气，白天池水可浅些，以利用太阳能提高池温，夜晚则适当加深，以利于保温和防冻；盛夏时期池水宜深些，以减小光辐照，最好预先在蚓池上空搭架种植藤蔓类作物遮阴；在冬季，可用塑料薄膜覆盖的方法来提高蚓池的温度。

养殖的水流不可太大或太小。太大的水流会加剧水蚯蚓本身无谓的能量消耗，还会带走池中的营养物质和蚓茧，对提高产量不利。太小的水流，甚至长时间保持静水状态，则会使水中的溶解氧含量不足，也不利于水蚯蚓的代谢废物和其他有害物质的排除，从而有可能导致水质恶化，破坏了水蚯蚓的生活环境，严重时会引起水蚯蚓大量死亡。一般来说，每亩养殖池有 0.005～0.01 米^3/秒流量较为适宜。

温度高则水蚯蚓产量也高，若 7～9 月份的日平均温度约 28℃，该时期蚓产量占全年产量的 45%左右。提高低温期的水蚯蚓产量潜力较大。据试验，用牛粪等高热物质作培养基料，并在蚓池上搭塑料大棚保温等措施，能较大幅度提高水蚯蚓的产量。

水蚯蚓对偏酸或偏碱性的环境都有较强的耐受能力，它对 pH 值的适应范围是 5～9，适宜范围是 6.6～8.3。由于不断施肥、投饵等，池水中的 pH 值往往会在短时间内偏高或偏低。pH 值过高或过低会引起水蚯蚓干结、脱水、体色变黑、感觉迟钝以致死亡。由于水蚯蚓对 pH 值的适应范围较广，而且流水起着调节 pH 值的作用，人工培育条件下的池水一般不会造成对水蚯蚓的危害，通常无须采取特别的措施来调节池水中的 pH 值。

水蚯蚓需要吸进溶解在水中的氧气进行新陈代谢。若遇断流、天气突变或蚓量密度过大时，蚓体会离开培养基集结成团块状浮于水层中，这是严重缺氧的标志。缺氧通常会在日出后或加大进水量后自行解除。如果终日不能解除，可能是培养基有问题，需要立即搅池或更换培养基。生产实践证明，新建池的培养基一般可连续使用 2～3 年，过期则应彻底更新。

另外，水蚯蚓对水中的有害物质，如农药、除草剂、化肥、重金属等十分敏感，因此工业废水、残留农药的农田水和其他含药水都不能用。

(3) 搅池　搅池亦称“擂池”“翻池”，是饲养管理中重要的一个环节。搅池的作用，一是能防止培养基板结；二是能将水蚯蚓的代谢废物、饵（肥）料分解产生的有害气体驱除；三是能有效抑制青苔、浮萍、杂草的繁生；四是能经常保持培养基表面平整，有利于水流平稳畅通。搅池时，用木耙、竹耙或其他耙子逐池将培养基全面、轻轻搅动一遍，以改善水蚯蚓的生活环境。搅池的时间间隔视水温、水流、水蚯蚓生长以及采收情况等而定。通常在生产旺季每隔 3～4 天就要搅动一次，其他季节可延长至 5～7 天。搅动的时候，要有意识地将青苔、杂草埋入泥土中。

(4) 防除敌害　水蚯蚓的敌害主要是鱼类（泥鳅、黄鳝、鲤鱼、鲫鱼等）、蛙类、鸟类、家鸭等肉食性或杂食性动物，这些动物都会直接取食水蚯蚓。培养池中的田螺、大瓶螺、环棱螺、河蚬和各种蛙类等会与水蚯蚓争夺饵料、肥料和生活空间等资源；萍类、青苔、杂草等大量生长繁殖则会大量消耗培养基的养分，还会将水蚯蚓覆盖住，使水蚯蚓的生活空间变小甚至丧失。这些都是水蚯蚓养殖的敌害，池内若有发现，应及时清除。

5. 采收

水蚯蚓的繁殖能力极强，孵出的幼蚓生长 20 多天就能产卵繁殖。每条成蚓 1 次可产卵茧几个到几十个，一生能产下 100 万～400 万个卵。新建蚓池接种 30 天后便进入繁殖高峰期，且能保持长盛不衰。但水蚯蚓的寿命不长，一般只有 80 天左右，少数能活到 120 天。因此，及时收蚓也是获得高产的关键措施之一。采收时可在前一天晚上断水或减小水流量，造成蚓池缺氧，第二天一早便可很方便地用聚乙烯网布做成的小抄网舀取水中蚓团。每次蚓体的采收量以捞光培养基面上的蚓团为准。这样的采收量既不影响其群体繁殖力，也不会因采收不及时导致蚓体衰老死亡而降低产量。

为了提纯水蚯蚓，可把一桶蚓团先倒入方形滤布中在水中淘洗，除去大部分泥沙，再倒入大盆摊平，使其厚度不超过 10 厘米，表面铺上 1 块罗纹纱布，没水 1.5～2 厘米深，用盆盖盖严，密闭约 2 小时后（气温超过 28℃时，密闭时间要缩短，否则会闷死水蚯蚓），水蚯蚓会从纱布眼里钻上来。揭开盆盖，提起纱布四角，即能得到与渣滓完全分离的纯水蚯蚓。此法可重复 1～2 次，把渣滓里的水蚯蚓再提些出来。盆底剩下的残渣含有大量的卵茧和少许蚓体，应倒回养殖池。

6. 暂养与运输

若水蚯蚓当天无法用完或售尽，应当进行暂养。暂养时，每平方米暂养池暂养的水蚯蚓以 10～20 千克为宜，每 3～4 小时定时搅动分散一次，同时需每天换水一次，以防其长时间的聚集成团而造成缺氧死亡。暂养时间一般以不超过 3 天为宜。需要长途运输时，途中时间超过 3 小时以上的，应用双层塑料薄膜氧气袋包装，每袋装水蚯蚓不超过 10 千克，加清水 3 千克，充足氧气。气温较高时袋内最好加适量冰块，以减少死亡，确保其安全运抵目的地。

四、水蚤的培育

水蚤俗称“红虫”，是枝角类动物的通称。水蚤含蛋白质60.4%，脂肪21.8%。水蚤的营养价值很高，特别是蛋白质含量高于国产鱼粉，接近于秘鲁鱼粉，而且蛋白质中富含畜禽及鱼类所需的各种必需氨基酸。所以，水蚤是一种优良的动物性蛋白质饲料，水蚤类小动物也是大蝌蚪的好饵料。

水蚤体色鲜红，稍透明，体长2～5毫米，体重7～10毫克，体形为卵圆形（图3-2）。水蚤身体分头部与躯干部，身体无分节，在头部有一个大的复眼，复眼下方有一个很明显的鸟喙状突起的吻，躯干部粗短，由胸部和腹部组成。水蚤有附肢9～11对，头部附肢5对，其中第二触角发达。躯干有3～6对附肢。水蚤雌雄异体且异形。雌性躯干部背面有一个相当大的空间为育儿囊（孵育室），是卵发育的场所。雄体较小，壳刺背缘平直。

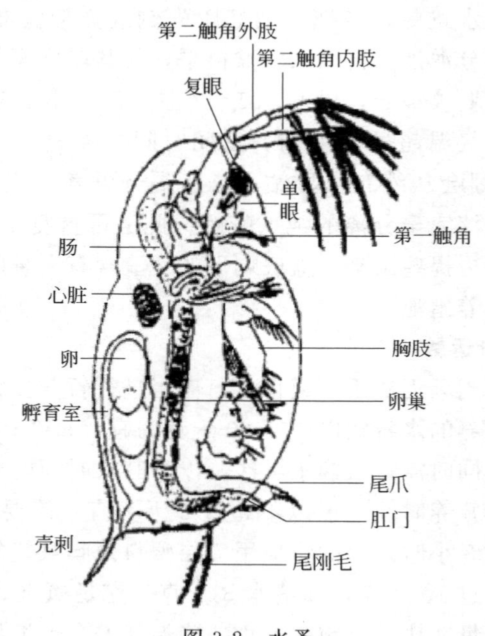

图3-2 水蚤

1. 生活习性

水蚤适应性强、生殖率高、繁殖量大，广泛分布于我国和世界大部分地区。水蚤多栖居于富营养型的水坑、池塘、河道、水库、间歇性积水以及小型湖泊等小水域中，尤其是在水池中生长、繁殖良好。最适生长温度为22～28℃，最适pH值为7.5～8.0，水中溶氧饱和度适宜范围是70%～120%，有机物耗氧量以20毫克/升左右为宜。其主要食物有单细胞藻类、细菌和微细有机物碎屑等。

春夏季一般仅能见到水蚤雌体，营单性生殖，所产的卵称“夏卵”，较小，卵壳薄，卵黄少，不需受精，可直接发育为成虫。这些成虫多是雌虫，再进行孤雌生殖。因此，在短时间内能够大量繁殖，呈一片红色，故称红虫。秋季，由夏卵孵化出一部分体小的雄虫，开始进行两性生殖，所产的卵称“冬卵”，冬卵较夏卵大，卵壳较厚，卵黄多。受精的冬卵，又称“休眠卵”，度过严寒或干燥环境，于次年春季气温较高时发育为新的雌体。每个水蚤一生可产卵400～500个，幼蚤孵出后，5～6天即达性成熟。

2. 水蚤的培育与采收技术

首先培养蚤种，方法是捞取水蚤，放入瓶或罐中，并放入适量蛋黄粉或豆浆进行繁殖，作为种苗供应，然后在池中进行繁养。土池和水泥池均可培育水蚤，池深约1米，大小以10～30米^{2}的长方形为宜。培养前排干池水，在池底撒上少量生石灰进行消毒，2天后再撒上发酵腐熟的含水量约70%的牛粪、猪粪、鸡粪，每平方米约5千克。让日光晒3～5天后灌水至50厘米深，1天后按每平方米水体接种30～50克水蚤种。几天后，池水变绿时再加水至60厘米深，再过10天左右池中便有大量的水蚤，此时可用网捞取水蚤饲喂大蝌蚪。以后每周再向培养池撒上述有机肥1千克/米^2，并加注新水。这样，池中的水蚤就能不断繁殖，每天都可以捞取水蚤。一般每隔1～2天捞取一次，一次捞取总量的10%～20%。在水温18～20℃的环境下，可常捞常有、连续不断。正常情况下，每立方米水体每次可收水蚤0.75千克。在人工养殖过程中要防止食料不足、水温太高、水质变坏，并应及时清除池内的丝状绿藻或团藻，必要时要清池重新培养。同时，还要专池培养水蚤种，以保证人工养殖时有足量优质的水蚤种。

五、摇蚊幼虫的培育

摇蚊幼虫又名血虫，是昆虫纲、双翅目、摇蚊科幼虫的总称，在各类水体中都有广泛分布，在全世界已经鉴定有3500多种。摇蚊幼虫是水生食物链网的重要环节，其生物量约占底栖生物总量的70%～80%。摇蚊幼虫虫体营养全面，虫体中含干物质1.4%。干物质中，蛋白质含量为41%～62%，脂肪含量为2%～8%，热量为4卡/克。摇蚊幼虫大小适宜，适口性好，是蝌蚪的优良饵料。此外，摇蚊幼虫清洁、不染泥污，带菌机会少，无混入其他寄生虫的机会，既能在水中浮游，又能沉入水底，不会引起饲养池的水质污染。残存于饲养池中的摇蚊幼虫不会对养殖对象产生危害。因此，可大量培育摇蚊幼虫作为蝌蚪的生物活饵料。

（一）生活习性

摇蚊成虫体形微小至中型。体形大体与蚊虫（蚊科）相似，多纤长脆弱，但大型的种类与蚊虫相似，较为粗壮。体色多样，白色、黄色、淡绿色、黑色不等，可有鲜明的色斑。体不具鳞片。头部相对较小，复眼发达，无单眼。触角柄节退化几乎不可见；梗节发达，球状；鞭节丝状。口器退化。

摇蚊的生活史经过卵—幼虫—蛹—成虫四个阶段。有的两年只有1个世代，有的一年却有7个世代，但大多数每年有2个世代，第一个在春季（5～6月），第二个在夏季（8～9月）。摇蚊为雌雄异体，成虫几乎不取食，或摄食少量含有糖分的液体。夜间有强向光性，灯下常见。羽化后常有婚飞习性，雄成虫成大群在清晨或黄昏飞，雌虫被吸引入群后即行交尾。雌虫一生一般只产一次卵，直接产于水面，或将胶质卵带黏附于水生植物上。摇蚊卵呈球形或长椭圆形，白、黄、褐或红色，产下时常数十板至数百板包埋于胶质中，形成胶质长带，或呈块状。卵期由数日至数周不等，但多数种类卵期很短。幼虫期占据整个生活史的大部分时间，由2周至4年不等，一般为 4～5 个月。幼虫呈淡色，部分种类因体液中含有血红素而身体呈血红色。身体细长，各体节粗细相近。摇蚊幼虫见图 3-3。

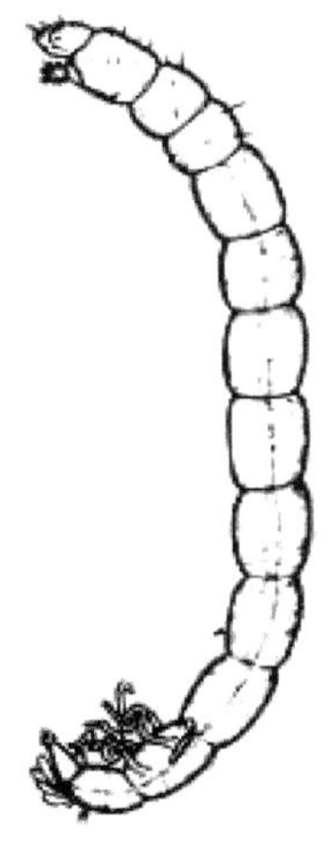

图 3-3　摇蚊幼虫

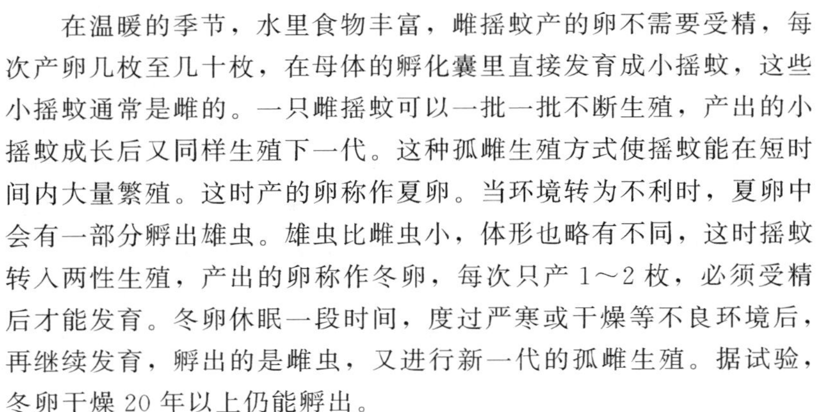

在温暖的季节，水里食物丰富，雌摇蚊产的卵不需要受精，每次产卵几枚至几十枚，在母体的孵化囊里直接发育成小摇蚊，这些小摇蚊通常是雌的。一只雌摇蚊可以一批一批不断生殖，产出的小摇蚊成长后又同样生殖下一代。这种孤雌生殖方式使摇蚊能在短时间内大量繁殖。这时产的卵称作夏卵。当环境转为不利时，夏卵中会有一部分孵出雄虫。雄虫比雌虫小，体形也略有不同，这时摇蚊转入两性生殖，产出的卵称作冬卵，每次只产 1～2 枚，必须受精后才能发育。冬卵休眠一段时间，度过严寒或干燥等不良环境后，再继续发育，孵出的是雌虫，又进行新一代的孤雌生殖。据试验，冬卵干燥 20 年以上仍能孵出。

初孵的摇蚊幼虫具趋光性，经过 3～6 天浮游生活后，转入底栖生活，利用藻类、腐屑、细沙、淤泥、唾液腺所分泌丝状物筑巢，多数种类筑成两头开口的管形巢。随着幼虫转入底栖，幼虫由趋光性改为背光性。幼虫经四次蜕皮后进入蛹阶段，每蜕皮1次，体色加深，从淡红色、鲜红色、深红色至变成黑褐色的蛹。幼虫的食性，除了环足摇蚊属中某些专吃植物的种类外，其余种类可分肉食性与杂食性两大类。肉食性种类以甲壳类、寡毛类和其他摇蚊幼虫为食。杂食性种类则以细菌、藻类、水生植物和小动物为食。

（二）培育与采收技术

1. 培育池

对于摇蚊幼虫，培育池的大小、深浅、结构等都没有特别的要求，最好选择池深50厘米左右的水泥池，池底均匀铺上5～8厘米厚、富含有机物的淤泥（泥土粒径＜80目），并加20～30厘米深的水。为了便于捕捞，池底铺设的淤泥每100米^{2}施用经发酵的猪粪等有机肥150千克。在施用有机肥后，用1×10^{-6}漂白粉带水消毒。

2. 培育

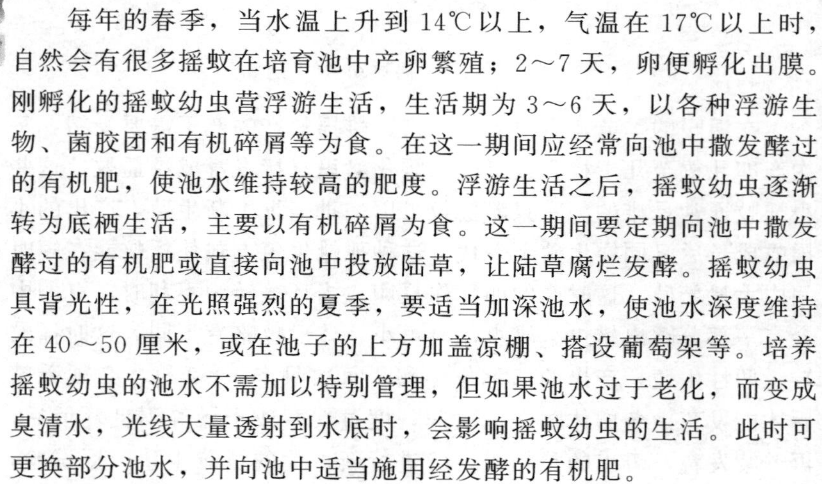

每年的春季，当水温上升到14℃以上，气温在17℃以上时，自然会有很多摇蚊在培育池中产卵繁殖；2～7天，卵便孵化出膜。刚孵化的摇蚊幼虫营浮游生活，生活期为3～6天，以各种浮游生物、菌胶团和有机碎屑等为食。在这一期间应经常向池中撒发酵过的有机肥，使池水维持较高的肥度。浮游生活之后，摇蚊幼虫逐渐转为底栖生活，主要以有机碎屑为食。这一期间要定期向池中撒发酵过的有机肥或直接向池中投放陆草，让陆草腐烂发酵。摇蚊幼虫具背光性，在光照强烈的夏季，要适当加深池水，使池水深度维持在40～50厘米，或在池子的上方加盖凉棚、搭设葡萄架等。培养摇蚊幼虫的池水不需加以特别管理，但如果池水过于老化，而变成臭清水，光线大量透射到水底时，会影响摇蚊幼虫的生活。此时可更换部分池水，并向池中适当施用经发酵的有机肥。

3. 采收

摇蚊幼虫的生长发育速度很快，大多数摇蚊在春夏两季都各能完成一个世代。摇蚊幼虫的生物量全年都能维持在较高的水平。摇蚊幼虫的捕捞可根据摇蚊幼虫的生长情况而定，一般初次采收时间为施入底肥的15天后，或为添加粪肥后的4～5天，当摇蚊幼虫个体长到最大，还未羽化前进行采收最佳。每个养殖池在其摇蚊幼虫高峰期可连续采收3～5天。捕捞前，先用孔径为1.5毫米左右的网将池中大颗粒的烂草败叶捞去，然后排去部分池水，再铲取底泥，用孔径为0.6毫米的筛网筛去淤泥，即可取得摇蚊幼虫。

第七节　幼蟾、成蟾活饵料的培育

一、黄粉虫的培育

黄粉虫俗称面包虫，属昆虫纲鞘翅目拟步甲科粉虫属。黄粉虫是人工养殖蟾蜍的好饵料。黄粉虫幼虫是一种软体多汁的动物，含粗蛋白51%，脂肪28.56%，糖类23.76%。1千克黄粉虫营养成分含量相当于20千克配合饲料的主要营养成分含量。

(一) 生活习性

黄粉虫原是一种世界性的仓库害虫，存在于粮食仓库、药材仓库及各种农副产品仓库。自19世纪以来，人们开始养殖和利用黄粉虫。

黄粉虫成虫体长约18毫米，虫体呈长椭圆形，深褐色，有光泽，腹面与足为褐色，有触角、鞘翅。成虫喜欢在夜间活动，爬行迅速，不飞行。对光的反应不强烈，但强光照射不利于其生长、发育。在13℃以上时取食，在5℃以下时进入冬眠，在35℃以上时停止生长，在25～30℃之间时生长繁殖旺盛。黄粉虫爱吃杂粮，主要饵料是麦麸和米糠。幼虫和成虫在缺食时会互相残杀，因此要按不同虫态期的发育阶段，分别饲养。

在自然温度条件下，每年可繁殖2～3次。在人工饲养条件下，完成一个生长周期约需3个月，全年都可以生长繁殖。各虫态期生长发育与气温密切相关，气温适宜则生长发育快，气温低则生长发育慢。雌性成虫在暗光下产卵多。虫卵白色，呈椭圆形，长约1.3毫米。虫卵在20～25℃之间，经过5～6天就可孵化出幼虫。初孵出的幼虫为白色，后转为黄褐色，节间和腹面为淡黄色。老熟幼虫体长 28～33 毫米。幼虫喜欢群集。在幼虫生长过程中，第一次蜕皮后，以后每隔 6～7 天蜕皮 1 次，幼虫期共蜕皮 6～7 次。每次蜕皮虫体就增大一些。幼虫长到 50 天以后，开始化蛹，蛹长 15～20 毫米，淡褐色，鞘翅短，呈弯曲状。在 20℃以上和 60%～80%湿度时，蛹经 7～9 天羽化为成虫。

黄粉虫为雌雄异体，是一生多次交配、多次产卵的昆虫。成虫羽化 3～5 天后性成熟，便开始自由交配，在交配后 1～2 个月为产卵盛期。产卵时间以每天 19 时至凌晨 2 时为最盛。每只雌虫产卵 80～600 枚，平均为 260 枚。每只雌成虫一生的产卵量与饲养管理好坏有关，若加强管理，可延长产卵期和增加产卵量。如采用配合饵料，提供适当温度、湿度，加强护理，每只雌虫产卵量可达 880 枚以上。

（二）黄粉虫的培育技术

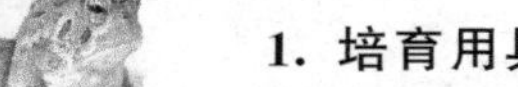

1. 培育用具

黄粉虫培育技术较为简单，可进行大面积的工厂化培育。黄粉虫培育室的大小根据饲养规模而定，一般年产 750 千克幼虫的生产规模需要面积 12～14 米^2 即可。培育室要求门窗装纱网，能防鼠、苍蝇、蚊子；室外四周要有防蚂蚁的水沟；室内装有天花板，冬暖夏凉，有加温设备，以保持秋冬和春季黄粉虫繁殖生长所需的温度，室内地面用水泥抹平。培育室内安装若干排木架或铁架，每个木架分 3～4 层，每层间隔 50 厘米，每层放置一个培育槽。

培育槽有两种，一种是种成虫槽，另一种是幼虫槽与孵化槽。种成虫槽长 60 厘米、宽 40 厘米、高 6 厘米，底为 18 目铁纱网，网眼大小以使成虫可伸出腹端产卵管至铁纱网下麸皮中产卵为宜，但不能使整个身体钻出网外。四面侧壁上缘平贴宽 2 厘米左右的透明胶带，以防成虫爬出槽外。每个种成虫槽网下均垫一块面积略大于网底的胶合板，胶合板上垫一张同等大小的旧报纸，铁纱网与旧报纸间匀撒并填满麸皮，铁纱网上放些颗粒饵料和切碎的叶菜。每个种成虫槽内养成虫 200～1000 克（约 2000～10000 只）。孵化槽与幼虫槽一般长 60 厘米、宽 40 厘米、高 8 厘米，塑料或木质均可，木制虫槽四壁及底面均不得有缝隙，侧壁上缘也应贴胶带或上油漆，以防小虫外逃。1～2 月龄以上的幼虫应养于木质虫槽内，以增加空气的通透性，防止水蒸气凝集。孵化槽和幼虫槽底面不用铁纱网，而用塑料或木质底板。

2. 黄粉虫的饵料

黄粉虫属杂食性昆虫，吃各种粮食、油料和饼粕加工的副产品，也吃各种蔬菜叶。人工培育时，应该喂多种饵料制成的配合饵料(参见表 3-6)，如麸皮、玉米粉、豆饼粉、胡萝卜、蔬菜叶、瓜果等，喷过农药的叶菜不能作饵料喂成虫和幼虫，也可喂鸡饵料。

表 3-6　黄粉虫饵料配方示例　　　　单位：%

成分	配方 1	配方 2	配方 3	配方 4
麸皮	45	80	60	80
面粉	20	—	—	—
玉米粉	6	10	10	10
鱼粉	3	—	—	—
黄豆粉	26	—	—	—
花生粉	—	9	—	10
碎米糠	—	—	20	—
豆饼粉	—	—	9	—
添加剂	—	1	1	—

3. 种成虫的选留与饲养管理

黄粉虫雌雄异体，在良好的饲养管理下，成虫一般可生活 4 个月。但成虫饲养 1 个半月后产卵力下降。按照生产要求选好种、留足种，提供优良生活环境与营养，才能达到多产卵，提高孵化率、成活率，提高生长速度、产量，降低成本的目的。

种成虫应从生长快、肥壮的老熟幼虫箱中选择刚变出的健康、肥壮蛹，用手轻轻放入孵化槽。选蛹要在化蛹后 8 小时内选出，以防被幼虫咬伤。每槽选留蛹 1.2 千克，在约 0.25 米^2 的槽内选放 2500～10000 只，均匀铺一层在槽底，其上平盖一张旧报纸。蛹在槽底不能堆积成厚层、不能挤压，放后不能翻动、撞击。选蛹前要洗手，以防化学物质（烟、酒、化妆品等）损害蛹体。将装有蛹的孵化槽送入种虫室后，将蛹羽化温度控制在 25～30℃，空气相对湿度控制在 65%～75%，约 6～8 天即有 90%以上的蛹羽化为成虫。为防早羽化的成虫咬伤未羽化的蛹体，每天早晚要将盖蛹的旧报纸轻轻揭起，将爬附在旧报纸下面的成虫轻轻抖入种成虫槽内。如此经 2～3 天操作，可收取 90%的健康羽化成虫（除去个体小或残翅成虫）。每个种成虫槽放种成虫 1 千克，约 1 万只。在良好的饲养管理下，每千克种成虫 2 个月内约可产卵 60 万枚，孵出幼虫 50 万只（孵化率约 85%），经饲养 3～4 个月，可收获老熟幼虫 40 千克（成活率约 80%）。

种成虫应饲养在温度 25～32℃，空气相对湿度 65%～70%，黑暗或弱光的环境中。羽化后 1～3 天，成虫活动由弱变强，期间可不投喂饵料。羽化后第 4 天，成虫开始交配、产卵，进入繁殖高峰期，除提供产卵条件外，每天早、晚投喂适量配合饵料，另加适量富含水分、维生素的叶菜类。投放叶菜类不可过多，因其含水量大，易腐烂、发热、发臭。饵料投喂量以上次投后刚能吃完为准，如上次投的配合饵料未吃完，不必清除，适当补加一部分即可。上次未吃完的叶菜类往往干燥后卷缩，隔日从种成虫槽内收集后，放在该槽槽底取出的旧报纸上方麸皮内，再将旧报纸（上面匀铺有麸皮及少量卷缩的残余叶菜类碎片，其内均有成虫产的卵）依次层叠放在一个孵化槽中。原则上种成虫槽每隔 2 天更换 1 次旧报纸及其上面的麸皮。更换时间的长短依据成虫的产卵能力及麸皮内卵的数目而定，一般存卵量达 1 万～2 万枚即可更换。种成虫产卵 2 个月后，已过产卵高峰期，生产能力下降，这时应将全箱成虫淘汰，以新成虫取代。淘汰的种成虫可作饵料投喂蟾蜍等。

饲养种成虫期间，要控制种虫室适宜的温、湿度，防止成虫外逃和天敌对它们的侵害。在夏天应做好通风、降温、降湿工作，还要设置门帘、纱窗，防止苍蝇进入。当室温高于 35℃时，成虫产卵量下降，烦躁不安，常在四角叠堆外逃。冬天，应做好种成虫保温、增温、增湿工作。室温低于15℃时产卵极少，室温低于10℃时成虫活动大减，低于0℃时成虫很快被冻死。冬天空气湿度低，对成虫存活、繁殖影响极大，应通过炉上放水壶蒸发热蒸汽、地面泼热水等方式增加空气湿度。在成虫室内不能使用化学药品灭蚊蝇，否则会杀灭黄粉虫成虫、卵和幼虫。

4. 卵孵化期的管理

放置好孵化槽，要求充分利用空间，方便管理，利于通风、控温、控湿；提供最适温度（21～27℃）及相对湿度（65%）；防止天敌侵害；孵化后期及时将孵化箱移至幼虫室，并及时运进新卵箱进行孵化，安排好流水作业，不使黄粉虫生产中断。

5. 幼虫的饲养管理

饲养黄粉虫的目的是要获得大量老熟幼虫，作为蟾蜍的活饵。因此，幼虫饲养管理至关重要。

（1）小幼虫的饲养管理　0～1月龄、体长1厘米以下的幼虫称为小幼虫。黄粉虫卵经6～7天孵化后，头部先钻出卵壳，体长约2毫米。它啃食部分卵壳后爬至孵化槽麸皮内，并以麸皮为食。此时应去掉旧报纸，将麸皮连同小幼虫抖入槽内饲养。黄粉虫1个月内通过4次蜕皮，逐渐长大成为体长6～10毫米、体宽0.6～1毫米的中幼虫，体色也比小幼虫更黄些，平均体重约0.03～0.06克。在正常饲养管理条件下，至1月龄时的幼虫成活率约为90%。小幼虫孵出后应立即供给饵料，否则小幼虫会啃食卵和刚孵出的幼虫。这期间的管理主要是控制料温在20～30℃之间（最适料温为27℃左右），空气相对湿度为65%～70%，将水雾化喷在麸皮上，使其含水量达20%左右，每次放麸皮约1厘米厚，麸皮表面撒些碎叶菜。当麸皮吃完，均变为微球形虫粪时，可适当撒布一些麸皮。1月龄时即用80目丝网过筛，筛去虫粪后将剩下的中幼虫均匀分至2个中幼虫槽中饲养。要特别注意的是，当养虫数量多、密度大时，因虫体运动相互摩擦，常使料温高于室温，因此温度控制必须以料温为准。

（2）中幼虫的饲养管理　1～2月龄、体长1～2厘米的幼虫称为中幼虫。1～2月龄的中幼虫生长发育加快，耗料渐多，排粪也增多。通过1个月饲养，中幼虫经第5～8次蜕皮，体长可达10～20毫米，体宽约1～2毫米，每条体重约0.07～0.15克。对中幼虫在环境控制上应做到：将虫群内温度控制在20～32℃（最适温度为27℃），空气相对湿度为65%～70%，室内黑暗或弱光。每天早晚各投喂麸皮、叶菜类碎片1次。麸皮、叶菜类碎片日投喂量各为中幼虫体重的10%左右。实际投喂量要看虫体健康、虫日龄、环境条件（如温、湿度）等灵活掌握；每7～10天筛除虫粪1次，筛孔约40目左右；2月龄时筛除虫粪后，将每槽中幼虫分成2份，放入大幼虫槽。

（3）大幼虫的饲养管理　2月龄后、体长2厘米以上的幼虫称为大幼虫，变蛹前幼虫称为老熟幼虫。2月龄的大幼虫摄食多、生长发育快、排粪也多。当蜕皮第13～15次后即成为老熟幼虫。大幼虫群集厚度约1～1.5厘米，不得厚于2厘米。老熟幼虫摄食渐少，不久则变为蛹。当老熟幼虫体长达到22～32毫米时，体重达0.13～0.26克，体重达到高峰，是作活饵的最佳时期。大幼虫日耗料为自身体重的20%左右。其中，麸皮和鲜叶菜各占一半。虫体日增重达3%～5%左右。对大幼虫在环境控制上应做到：料温控制在20～32℃（最适料温为27℃左右），空气相对湿度为65%～70%。大幼虫饲养管理要做到供料充分，做到当日投料、当日吃完，粪化率达90%以上；每5～7日筛虫粪1次；投喂叶菜要求新鲜，但含水量不宜过大，特别是雨天饲喂时，菜要晾干；当出现部分老熟幼虫逐渐变蛹时，应及时挑出留种，以避免幼虫啃食蛹体。如不需留种，则应在变蛹前将老熟幼虫用作活饵。此外，还要注意防止大幼虫从箱中外逃或天敌入槽危害。

6. 蛹羽化期管理

老熟幼虫变蛹后至羽化为成虫前为蛹期，约1～2周。蛹期黄粉虫不吃不动，但体内却发生器官的巨大变化，对外界环境条件很敏感。为了保证顺利完成羽化过程，要求温度控制在24～32℃，空气相对湿度保持在65%。在管理上，不得翻动或挤压蛹体；及时取出羽化成虫，防止咬伤未羽化的蛹；孵化室不能喷洒农药和其他卫生化学药品；严防蚂蚁、鼠、蟑螂等天敌危害。

7. 病虫防治

黄粉虫抵抗能力强，很少发病。但管理不当、气温过高、饲料过湿等，会引起黄粉虫患软腐病或干枯病。日常管理应注意清理残食，通风降湿。除此之外，要注意饵料带螨可做日晒处理。一旦发现黄粉虫患螨病，可用40%三氧杀螨醇1000倍稀释液喷杀。

8. 采收

当黄粉虫长到2～3厘米时，除筛选留足良种外，其余均可作为饵料用。使用时可直接用活虫投喂。

二、蝇蛆的培育

苍蝇的幼虫称为蝇蛆。蝇蛆以畜禽粪便为食，其生长繁殖速度极快。据推测，一对家蝇4个月能繁殖2000个蛆，从卵发育到成虫仅需10～11天，如果到出产品，3～4天即可。而且其人工培育技术简单，不需很多设备，室内室外、城市农村均可养殖。鲜蛆含粗蛋白15%、粗脂肪5.8%，是蟾蜍的好饵料。

（一）苍蝇的生活习性

家蝇是完全变态昆虫（图3-4）。它的发育过程经过卵、幼虫、

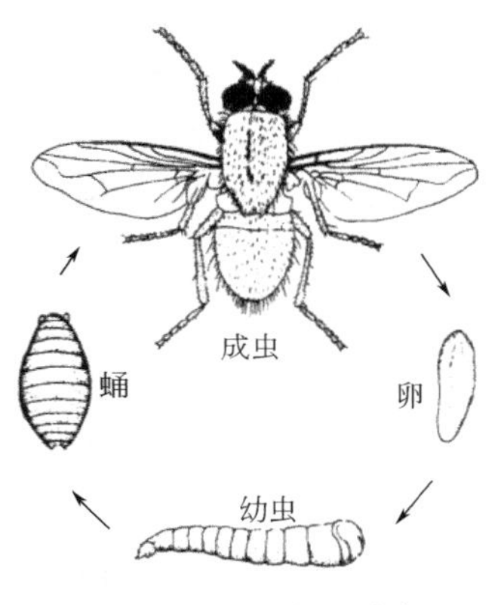

图3-4　苍蝇的生活史

蛹、成虫（即蝇）4 个阶段。家蝇卵为乳白色，呈长椭圆形，长约 1 毫米，雌蝇将卵产于粪便和垃圾上。卵经 8～15 小时孵化，孵化出蝇蛆，刚孵出的蛆长 2 毫米，无足，透明，随后逐渐变成淡黄色，以细菌为食。约经 4 天，蜕皮 3 次，钻入土中化蛹。蛹期可长达数周。羽化后成虫从土中爬出。家蝇羽化后 5 天，雌蝇即交配产卵，随后每隔 2～3 天产卵一次。每只雌蝇一般产卵 4～6 次，每次约 100 枚，一生平均产卵 500 枚，最多可达 2000 枚。

（二）蝇蛆的培育与采收技术

1. 建立蝇蛆房

蝇蛆房可利用旧房舍、仓库改建，要求远离住宅区而靠近猪、鸡舍，以便利用新鲜猪、鸡粪。蝇蛆房房间宜大不宜小，一般每间房面积要求 30～50 米^2。蝇蛆房门窗安有玻璃和铁丝网，每间房安有排风扇 1 台，以保持室内空气新鲜。房子的周围设有防蚁小水沟。冬天房内用 1000 瓦的红外线加热器加热。

2. 育蛆平台

在蝇蛆房内用砖砌成多个 1.5 米^2，高 30 厘米的长方体育蛆平台。平台上用砖围成边，高 10 厘米。平台周边有一条宽 3 厘米、深 2 厘米的集蛆沟。平台内用水泥抹光滑，靠近人行道一侧的两角各设一个直径 3 厘米的接蛆孔，孔下安放接蛆瓦罐。

3. 育蛆饵料

饵料是养好蝇蛆的物质基础。研究表明，以纯鸡粪和猪、鸡粪二者按一定比例配合养殖蝇蛆比较好，而牛粪养蛆比较差。现有三组配方供选用：猪、鸡粪各 1 份，加水混合，其含水量约 80%；猪粪 1 份和鸡粪 2 份，加水混合，其含水量 80%；猪粪 2 份和鸡粪 1 份，加水混合，其含水量 80%。实践证明，用猪粪作饵料养蝇蛆，饲料来源广，生产成本低，饲养方法简便，育蛆后的粪渣还可以作肥料或沼气原料，不仅使生物能源得到充分利用，而且为大力推广蝇蛆生产创造了有利条件。用粪料育蛆，蝇蛆一般带细菌比较多，饲用前最好能用清水洗干净，并用 0.1%高锰酸钾溶液漂洗 3 分钟。

4. 接种

在猪场或苍蝇多的地方放置8只内装250克动物尸体及内脏的塑料接卵碗，引诱苍蝇来采食和产卵。以20个平台为1个生产单元，每天投料4个平台（共6米^2），日产鲜蛆3千克，5天轮回1次作1个生产周期。饵料加水拌匀后，在平台上堆成中间厚、旁边薄的龟背形，中间厚15厘米，周边厚3～4厘米，在每个平台上分4点排放在外面已集蝇卵的动物尸体及内脏，每个点500克左右。投放蝇卵4～5天就可收取成蛆。当蛆成熟时，会自动爬出粪堆寻找化蛹的地方，它们会顺着集蛆沟往前爬，最后掉进接蛆瓦罐内。夏天为育蛆旺季，每天应换罐取蛆2次。取出的鲜蛆用0.1%的高锰酸钾溶液漂洗3分钟即可投喂蟾蜍。

5. 换料

第一次投料接种5天陆续出蛆后，堆料表层2～3厘米的营养成分还完全保留，下层的营养也未耗尽。第一次取蛆后，加第一次投料量的40%的新料与原料拌匀，第二次接种。第二次取蛆后，保留表层3厘米，清除下面残料50%，加入50%的新料与原料拌匀，第三次接种。第三次取蛆后，按第二次做法，清除下面残料50%，加入50%的新料与原料拌匀，第四次接种。以后每次取蛆后，取表层3厘米厚的原料留用，下面残料全部清除，加入85%的新料与原表层料混合拌匀调湿进行接种。这样周而复始进行。

6. 蛆、粪分离

经过4～5天的培养即长成蝇蛆，除留作种蝇的应继续留在粪中化蛹外，鲜蛆应与粪料及时分离，原则上不能让大批蛆化蛹。

（1）光照分离法　蛆有较强的避光性，可采用强光照射，待蛆从表面向下移动，可层层剥去表面剩余的培养粪料。最后剩少量粪料与大量蝇蛆混在一起，用铲将其铲入水中，搅拌后蛆浮于水面，用纱网捞出。

（2）自然分离法　3龄幼虫需要寻找干燥较暗的地方化蛹。可在培养料表面四周空出10厘米的地方，撒上干谷壳，让3龄幼虫自行爬进谷壳内，这时用小棕毛扫收集鲜蛆，达到分离目的。

7. 育蛆后粪料处理

分离后的粪料内，往往还残留少量的蛆和蛹，若不妥善处理，就会造成环境污染。处理方法是堆沤。选择排水良好的地方挖一个长方形的坑，把粪料倒入坑中，喷上消毒药水，盖上塑料薄膜，沤制半个月后作肥料使用。

8. 育蛆管理注意事项

野外采集蝇卵很难确定数量，因此在试产阶段，要对每平方米1次投卵产蛆数进行测定，4个平台日产鲜蛆达不到3千克的，要加大收集蝇卵的动物尸体等集卵基料的投放量。在蝇蛆生长适温范围内，温度偏高或偏低，均影响到出蛆时间的长短。生产计划要根据气温变化随时调整，以保证鲜蛆产量稳定、平衡供应。培育蝇蛆的主要原料是猪粪和鸡粪。若育蛆的目的主要是解决蟾蜍饵料，应考虑在塘边建舍实行综合养殖，饲养一定数量的猪、鸡，以保证鲜粪供应。

以上介绍的简易育蛆法，解决了不饲养种蝇也能生产蝇蛆的问题，但这种育蛆方式有其不足之处：一是靠自然界的苍蝇来产卵，在养殖面上数量少、密度低，在相同时间内产卵也少，因此育蛆产量仅有人工培育种蝇育蛆的1/3左右；二是冬季天冷，引诱不到苍蝇来产卵就无法生产；三是蛆带病菌较多，在人畜共患疾病流行的地方，应停止育蛆。

简易育蛆法只是一种临时的生产措施，不是长远之计。从事蝇蛆养殖的农户，应把蝇蛆生产提高到一个新水平，努力学习种蝇生产技术，向自繁自养过渡。

三、蚯蚓的培育

蚯蚓属于环节动物门、寡毛纲的陆栖动物，在我国分布有4科、140余种。在我国各地饲养的主要品种有“太平2号”“北星2号”和赤子爱胜蚓。有些地方也饲养陆正蚓、参环毛蚓、秉氏环毛蚓等。据测试分析，蚯蚓含蛋白质57%、赖氨酸6.14%、蛋氨酸

0.3%、脂肪 12.896%、钙 0.9%、磷 1.1%、碳水化合物 8.2%，还含有多种维生素及酶等物质，是一种优质的蟾蜍饵料。

（一）生活习性

蚯蚓雌雄同体，但需异体受精。蚯蚓可在任何季节繁殖，但在温暖潮湿的季节繁殖快。蚯蚓通常在夜间交配，交配时间约 2 小时，交配时两条蚯蚓互相倒抱。交配后 6～7 小时开始产卵，蚯蚓的卵是由黏液包着的几个卵成团产出，称为卵茧。蚯蚓将卵茧产在进洞口深处约 1 厘米的土层里。卵茧呈椭圆形、淡黄色。蚯蚓每隔 1.5～4.5 天产出 1 个卵茧，平均 3 天产 1 个，月产 10 个以上。蚓茧孵化至橙红色时幼蚓出壳，每个蚓茧一般有幼蚓 2～6 条。在温度 15～20℃时，经 14 天孵化出幼蚓；当温度升至 22～27℃时，6～7 天孵化出幼蚓。在人工饲养条件下，幼蚓养 30 天即可收获，饲养 35～40 天可成熟产卵。自然状态下，从蚓茧孵化到成蚓性成熟大约需要 4 个月。人工饲养蚯蚓生长繁殖较快，饲养 6 个月的种蚓则衰老，需要更新。

（二）蚯蚓的生长发育条件要求

蚯蚓在生长发育过程中，对温度、湿度、pH、空气、光照等均有一定要求。不同种类的蚯蚓，其适宜的生长发育条件有所差异。

蚯蚓作为一种变温动物，对温度要求比较严格。不同种类的蚯蚓，其生长发育的适宜温度有所不同，一般蚯蚓在 15～30℃温度范围的土壤内均可生长、繁殖。其中，“太平 2 号”的生长适温范围为 5～32℃，最适宜温度为 23℃；赤子爱胜蚓的生长适温范围为 15～25℃，最适温度为 20℃。蚯蚓产卵的适宜温度为 21～25℃。温度降低，产卵间隔时间延长。温度升高，产卵量减少，卵重减轻，卵变小。当温度高于 36℃时产卵停止，即使产出卵茧，也是未受精卵。卵茧的孵化温度要求从低到高，从 13～15℃开始，逐步上升到 30℃左右，这样的条件可提高孵化率。幼蚓的适宜温度有一定规律，温度可由高到低，最适温度可高出成熟蚯蚓约 3～

4℃。因此，在炎热的夏季和寒冷的冬季，要分别采取降温或保暖措施。

蚯蚓的躯体经常处于湿润状态，以保证利用皮肤上的气孔进行呼吸。其体内的水大约占体重的75%～90%。因此，蚯蚓必须栖息在潮湿的环境中，水是蚯蚓生存的关键。但太潮湿，易使蚯蚓身上的气孔堵塞致其死亡。一般养殖场的相对湿度在70%～78%，饵料泥土湿度在33%～40%即可。饵料泥土中水分低于18%时，蚯蚓因水分不足会纷纷外逃；低于10%时，蚯蚓会卷曲休克，变干死亡。

多数蚯蚓适宜在中性土壤中生活，对弱酸、弱碱条件都有一定的适应性。其生长发育最适宜的pH值为5.8～7.6。当pH值低于5.2或高于8.5时，蚯蚓会外逃。

蚯蚓生活在基料和饵料中，生长环境和条件不利于呼吸。加上基料和饵料不断发酵，与蚯蚓争夺氧气，容易造成蚯蚓缺氧，影响其生长发育。另外，供蚯蚓作饵料的有机质在发酵过程中会产生二氧化碳、氨、硫化氢、甲烷等有害气体，对蚯蚓生存不利。当这些有害气体浓度过高时，蚯蚓会外逃或死亡。因此，在蚯蚓饲养过程中，应疏松基料和饵料，加强通风换气。

要在弱光或黑暗条件下养殖蚯蚓。蚯蚓只是在表皮、皮层和口前叶这些区域有类似晶体结构的感光细胞，其对光照要求并不高。蚯蚓是夜行性动物，日光对它有杀害作用。野外饲养时，地面需要遮光，防止直射日光（直射日光干晒5分钟即可使蚯蚓死亡）。

（三）蚯蚓的人工培育与采收技术

1. 饵料与发酵处理

蚯蚓对饵料要求不严，凡无毒的植物性有机物质，经发酵腐熟后均可作为蚯蚓饵料。蚯蚓食性很广，爱吃蛋白质和含糖量丰富的饵料，不爱吃有苦味和有单宁味的食物。各种植物的茎、叶，牛、猪、马、羊粪，以及家庭垃圾均可作为其饵料。饵料中营养成分越高，蚯蚓生长繁殖越快。培育蚯蚓的饵料调配比例一般为主食（落叶、枯草、废纸等多纤维物质）占 60%，副食（产业肥料）占 40%，含水 70%～75%为最佳。在畜禽粪便中，牛、猪、兔粪都可以作为蚯蚓的饵料，其中以兔粪为最好。禽粪因含氨量高、适口性差，对蚯蚓生长不利，一般不采用。当粪料缺乏，不得不使用禽粪时，比例不得超过 20%。如果用造纸污泥或其他产业肥料作培育蚯蚓的饵料，其中掺进一定比例的稻草和牛粪，制成堆肥或掺进活性污泥 40%和木屑 20%，都可以达到良好的培育效果。

在进行发酵处理前，作物秸秆或粗大的有机废物要先切碎，垃圾则应分选过筛，除去金属、玻璃、塑料、砖石或炉渣，再经粉碎。经过处理的有机物质，可与树叶杂草、畜禽粪便混合，加水拌匀，含水量控制在 45%～50%，堆积发酵。堆高 0.65～1 米、宽 1 米，长度不限，或堆成梯形或圆锥形，高 1～1.5 米，外部覆盖塑料薄膜，以保温保湿。经过 4～5 天，料温上升到 45℃以上，最高可达 60℃，经 15～20 天后温度逐渐下降。最好在发酵中后期上下翻动一次，继续堆放，温度又逐渐升高，然后再下降至常温，高温发酵即结束。最后，在料堆上喷水，使水分达到 60%～70%，再进行低温发酵，经 5～10 天即可使用。使用前检查，发酵腐熟的堆料呈黑褐色或棕色，松软不粘手，闻不到酸臭味。此时，把堆料摊开，排掉其中的有毒气体，然后放少量蚯蚓试养。有条件的地方，还应用试纸检测堆料的酸碱度，过酸可添加适量的石灰中和，过碱则用水淋洗去盐，使之适合蚯蚓生长繁殖的需要。

2. 蚯蚓的养殖方法

蚯蚓培育场地应选择在排水良好，通风好，湿度不大，无噪声，无煤烟，无农药危害，以及能防鼠、蟾、蚂蚁的地方。蚯蚓培育的方法很多，比较适用的有坑养及砖池养法、棚养法、堆肥养法和果林间浅坑养法等。

（1）坑养及砖池养法　该法适于环毛属蚯蚓及赤子爱胜蚓。在房前屋后的空地或树荫下，直接挖坑或砌砖池培育。土坑或砖池深度一般约为 50～60 厘米，培育面积根据需要而定。坑内或池内分层加入发酵好的饵料。先在底层加入 15～20 厘米厚的饵料，上面铺一层 10 厘米厚的肥沃土壤，然后放入蚯蚓进行养殖。如蚯蚓较多，可在肥土上面再加一层 10 厘米厚的饵料，上面再覆 10 厘米厚的肥土。养殖环毛蚓要求保持土壤湿度为 30%左右，每平方米放平均 5 克重的环毛蚓 2000～3000 条。

（2）堆肥养法　该法较适于南方养殖，北方在 4～10 月的温暖季节也可采用。在宽 1～1.5 米、高 0.6 米、长 3～10 米的发酵腐熟肥堆或工厂废弃有机物中，直接放入“太平 2 号”或赤子爱胜蚓进行养殖。如果是养殖环毛蚓，则应把初步腐熟的有机饵料和肥土按 1∶1 混合，或分层把饵料和肥土相间堆积，每层 10 厘米厚，堆高约 60 厘米，放入蚯蚓养殖。养殖过程中应遮光防雨，并在肥堆四周挖排水沟，以防大雨水泡。

（3）棚养法　蚯蚓培育棚与种蔬菜、花卉的塑料大棚相似。培育棚内中间留出通道，两侧为培育床。培育床宽 2.1 米，床面为 5 厘米高的拱形，四周用单砖砌成围墙，两侧设排水沟。填料、填土方法同砖池养法。夏季棚温超过 30℃时，改用蓝色薄膜，加盖草帘或将边缘掀起 1 米高以通风降温，并在培育床上覆盖潮湿草帘。冬季则应采取保温、增温措施。

（4）果林间浅坑养法　果林间浅坑养法是每年春季在桑园、果园、蔗田、经济林、公园，在作物行间、林木间开挖宽 35～40 厘米、深 15～20 厘米的行间沟、林间沟，填入腐熟的猪、牛粪肥及生活垃圾，上面盖土，放入蚯蚓后，再在土上盖些草皮和秸秆、树叶等遮阴保水。沟内保持潮湿而不积水，使种蚓在其中定居繁殖。在整个生长期，植物叶片可为蚯蚓遮阴避雨，以防阳光直射和水分蒸发，保持土壤湿度和降温。在高温季节，蚯蚓可在果林的根下土壤中活动，大雨冲击时可爬入根部避雨，并采食腐烂的树叶。

3. 添料方法

正常培育以后，每隔 15～20 天要检查蚯蚓是否已经吃完饵料。如果基料表面出现 1 厘米厚的蚯蚓粪，池内的基料已基本呈粉末状，则表明饵料已经吃完，要及时添加新料。从时间来推算，种蚓池一般在 20 天左右添 1 次新料；小规模饲养的，料吃过半就要少放勤添，保证饵料不断。饲养面积较大时的添料方法有轮换堆积法、表面添加法和侧面添加法。

（1）轮换堆积法　在培育床的前端，留 2 米空床位，然后在培育床上堆积高 40 厘米、宽 1.5 米的发酵饵料，放养蚯蚓。当饵料消耗完后，可在前端空床铺入新饵料，料堆上面覆一层 4 米^2 的铁丝网，网眼 1 厘米×1 厘米。然后，把邻近的旧饵料堆连蚯蚓一起移到新饵料堆的铁丝网上，再在空出的床位上铺上新饵料。如此轮换堆积，依次采取一倒一的流水作业法，把全部养殖床的旧料更新完毕。

（2）表面添加法　当培育床上的饲料已被消耗粪化后，在旧料表面添加 10～15 厘米厚的新饵料。消耗后，再添加 5～10 厘米厚的新料。一般添加 2 次为宜。添加次数不能太多，也不能太厚，否则下部过于紧实，造成通气不良，不利于蚯蚓生长和卵茧孵化，甚至由于湿度过大，造成卵茧沤坏变质。

（3）侧面添加法　把培育床分成两半，一半堆积饵料进行养殖，当饵料消耗完后，在旧饵料的侧面添加新饵料。经 2～4 天，蚯蚓（尤其是成蚓）大部分移入新料中，幼蚓及卵茧则留在旧料中，可将其移入孵化床，进行培育。

4. 种蚓更新

为了保持种蚓有旺盛的繁殖能力，一般使用 180 天后就要更新种蚓。把老龄种蚓作商品蚓（饵料）处理，以新的体质肥大、环节明显的作新种蚓。

5. 分级饲养

蚯蚓有一种习性，成蚓不能大小混养，必须适时做好大小分离，因此需在添加饵料、蚓粪及卵茧分离过程中，逐步形成分级饲养，建立种蚓、幼蚓、成蚓三级饲养的高产养殖模式。种蚓池是种蚓产卵茧的地方。把已发酵过的畜粪（称为基料）放进种蚓池内，然后挑选体形粗长、肤色有光泽、环带明显、肥壮无病、体重在 1

克以上的种蚓放进种蚓池饲养，每平方米放养5000～20000条。繁殖池是繁殖幼蚓的地方。定期将种蚓产的卵茧及基料移进繁殖池孵化，繁殖培育幼蚓。繁殖池的卵茧经孵化后得到大量幼蚓，经过10余天饲养后，按大小分离移至成蚓池饲养。

6. 防天敌、防毒和防病害

蚯蚓的天敌较多，常见的有螨、蚂蚁、青蛙、蟾蜍、蛇、麻雀及其他鸟类、鼠、蜈蚣、苍蝇、壁虱、甲虫、蚂蟥等。要防止上述天敌侵袭，并设法消灭它们，才能确保蚯蚓的丰收。同时，要预防农药和消毒药品对蚯蚓的杀伤。另外，在蚯蚓养殖过程中，饵料中未发酵的蛋白质易变酸产生气体，使土壤酸度增大，导致蚯蚓的生殖带红肿、全身变黑、身体缩短，出现念珠结节，最后死亡并自溶。因此，应定期检查基料床内基料，防止酸化。发现病害后要及时调整饵料酸碱度，翻料增加通气，并适当撒施可用于畜、禽类的抗生素灭菌。

7. 蚓粪及卵茧的分离方法

箱养法和大型培育床多次添加饵料后，经2～3个月，就要将经过蚯蚓消化形成的粪粒和蚯蚓进行分离，而产在基料中的卵茧也需要与粪粒分离，主要分离方法有框漏法、饵诱法、刮粪法。

（1）框漏法　对于经过几次加料、成蚓密度大、卵茧数量多、饵料已基本粪化的培育床，可把蚯蚓和粪粒一起装入底部带有1.2厘米×1.2厘米网眼铁纱网的大木框，利用蚯蚓避光的特性，蚯蚓在阳光或灯光的照射下，自动钻到下层。然后用刮板逐层把粪粒和卵茧一起刮入运料斗车，直至蚯蚓全部通过网眼，钻入下面新基料为止。接着，将粪粒和卵茧移入孵化床，在适宜温、湿度条件下，经30～40天，卵茧全部孵化并长到一定程度，但尚未达到产卵阶段时，继续采用上述框漏法，把幼蚓和粪粒分离，幼蚓进入新培育床。粪粒可作为有机肥料。

（2）饵诱法　当培育床基本粪化以后，停止在表面加料，而在培育床两侧添加饵料，将成蚓诱入新饵料中。待绝大部分诱出来以后，再将含有大量卵茧的老饵料全部清出。然后把老床两侧的新饵料和蚯蚓并在一起。清除的卵茧和蚓粪，移到放有新饵料的培育床表面进行孵化。待幼蚓孵出进入下层新饵料采食，再把上层的蚯蚓粪刮出。

（3）刮粪法　利用光照，使蚯蚓钻入下层，然后用刮板将蚓粪一层一层刮下。刮到最后，蚯蚓集中在培育床表面。将取出的蚓粪和卵茧移入孵化床进行孵化培育。幼蚓孵出后，用同样的方法进行分离。

蚯蚓体内含有乙酸，饲喂过量会引起胃肠麻痹，影响蟾蜍食欲和消化。因此，用鲜蚯蚓饲喂蟾蜍时，用量要控制在饵料总量的25％以内。喂蚯蚓的数量由少至多，要连续喂，不能时断时续，否则增重效果不佳。

第八节　饵料的投喂技术

一、饵料的投喂原则

无论是投喂鲜活饵料或是人工配合饵料，饲喂要严格执行“四定”原则，即定质、定量、定时、定位。

1. 定质

投喂的各种饵料必须要保证质量，要求新鲜、适口、清洁和优质。凡腐败变质的饵料不能投喂。投喂的动物性饵料喂前要洗干净，植物性饵料不能发霉变质。饵料种类转换应逐渐过渡，避免突然改变。并且在饵料多样化的前提下，尽可能多投喂鲜活饵料，以满足蟾蜍生长的营养需要。人工饵料要经过加工（如浸泡、轧碎、切块等），以便于吞食。

2. 定位

每次投喂饵料均要在固定的地点进行。在岸边陆地或岸边水中应设置固定的饵料台，养成蟾蜍定点摄食的习惯，便于清除残饵和掌握摄食情况，防止残饵对水质的污染。这对于夏季投喂死饵时更为重要。饵料台设置地点应适合饵料的生物习性，如投喂蚯蚓、蝇蛆、黄粉虫等活生物饵料时，饵料台设置在池内陆地或接近水面处；投喂水生小动物，如小鱼虾、蝌蚪时，饵料台应设置在水中，纱窗浸没水中3～5厘米处，使活生物饵料能长时间保持活力；如投喂配合饵料时，可简单地用竹木围一方框，择一浅水地带放置，即作为蟾蜍的固定投食场所。饵料台的多少依据养殖池大小来定，一般每个饵料台可供50～100只蟾蜍摄食，20米^{2}的小池设1～2个即可。

3. 定时

在自然条件下，野生蟾蜍习惯昼伏夜出，晚上觅食。但在人工饲养条件下，可以改变这种习性为白天摄食。一般在正常天气条件下，温度适宜（16～28℃）时，每天投喂2次，分别于上午8时和下午17时投喂。若夏季水温过高，可以减少投饵，日投1次，集中于上午投饵。在特殊情况下，如盛夏或严冬可少投或不投饵。实践证明：分2次投喂效果较1次投喂更好，可以避免“分食”不匀的现象。此外，投喂时，饵料不要成堆，要均匀撒开，以便于蟾蜍摄食。

4. 定量

在一定时期内，投喂的饵料数量要相对固定，每次投喂量要均匀适度，防止忽多忽少。同时根据采食情况、天气变化、水温、水质等情况进行适当调整，以满足蟾蜍生长发育的营养需要。一般在适宜生长的温度范围内，蟾蜍的索饵最多，此时日投饵量（以鲜活饵料计）为其体重的5%～10%。通常个体较小的幼蟾投饵量可略大些，成蟾的投饵量稍小些。当温度低于16℃或高于26℃时，投饵量应下降至3%～5%左右；当温度高于30℃或低于8℃时，蟾蜍处于夏眠或冬眠状态，很少摄食，可以不投料。

二、饵料的投喂方法

（一）蝌蚪的饵料及投喂

1. 蝌蚪的饵料种类

蝌蚪食性杂，以植物食性为主，对营养要求不高，饵料易得，可将其饵料分为植物性饵料和动物性饵料两大类。植物性饵料包括水中各种藻类、幼嫩水草、有机植物碎屑及人工投饲的豆浆、麦麸、米糠、花生麸和各种瓜果嫩菜等；动物性饵料包括水中繁育的各种原生动物（轮虫、水蚤等）及人工增投的鱼粉、肉粉、蚕蛹粉、鱼虾肉、蚯蚓、动物内脏、血等。此外，据报道，蝌蚪期间若能投给一定的虾蟹饵料、鳗鱼饵料或其他优质粉状饵料（稍大可用小颗粒饵料），饲养效果更为理想，可使蝌蚪变态时间提早10～30天。但由于此类饵料价格较贵，一般只在十分必要时作补充添喂。

2. 蝌蚪饵料的投喂

培育蝌蚪有两种方法：一种是人工投饵；另一种是培肥池水，繁殖浮游生物。在生产上，常采取两者结合的方法，在养好水的基础上，增投人工饵料，以满足蝌蚪的营养需要。此外，由于蝌蚪各个时期的活动特点和摄食能力有所差异，在饲养过程中，还应根据不同的特点采取相应的饵料及投喂方法。

对于刚放养的蝌蚪，活动力弱，多群集在一起，且不太摄食，可投喂极少量的豆浆、熟蛋黄（每万尾蝌蚪1～2个蛋黄即可）。几天后，蝌蚪活动增强，逐渐分散于池中，四处觅食，此时，应适当多投些熟蛋黄、豆浆或捞取专门培养的轮虫、水蚤投喂。采取全池泼撒的方法，于每天傍晚投喂1次。投喂量为每万尾蝌蚪100～200克/天。

10天后，投喂米糠、花生粉、麦麸、豆粉、豆腐渣、动物内脏、血、肉类等。可单一投喂，也可几种饵料有机搭配投喂。投饲量为每万尾蝌蚪400～700克/天，饵料沿池的四周或池中设置饵料台投喂。投喂时，粉状饵料加水调制成糊状，饼状饵料先浸泡发软，肉类打浆。

30天后，蝌蚪个体迅速长大，摄食能力逐渐增大，可投给小蚯蚓、小鱼苗、剁碎的鱼肉、动物内脏、瓜果嫩菜等较粗的饵料。干粉状饵料仍需用水调制，捏成团状定点投喂。每天投喂2次，每百尾蝌蚪10～30克/天。投饵量随蝌蚪日龄的增长逐渐增加，在蝌蚪前肢即将长出时，达到最大。实际投饵量还应根据天气、水质等情况适当调整，以既能让蝌蚪吃饱又不出现剩饵为佳。天气凉爽、水质较清时，可多投；天气炎热、水质较肥时，适当减少投饵量。此外，各类饵料应有计划地搭配投喂，一般以植物性饵料为主，适当搭配动物性饵料。但有时出于生产需要，为提早蝌蚪变态时间，要在蝌蚪培育的早期阶段（30日龄前）多投动物性饵料（占60%以上）。

处于变态后期的蝌蚪（前肢长成阶段）活动较少，也很少摄食，仅靠吸收自身尾部为营养。但由于同池蝌蚪变态步骤不一致，一部分变态较慢的蝌蚪仍要摄取食物，所以此阶段宜减少投饵量，酌情投喂。

（二）成蟾的饵料及投喂

1. 成蟾的饵料种类

在蟾蜍人工配合饵料的研制和投喂技术尚未取得突破性进展之前，蟾蜍的饵料仍以活饵料为主，如蚯蚓、蝇蛆、黄粉虫、蜘蛛、蜈蚣、马陆、各类水陆生昆虫、小活鱼等鲜活小动物。昆虫是蟾蜍理想的饵料，在实际养殖中，常采取栽树植草种花、安装黑光灯或野外捕捉等方法广辟饵料来源。此外，也可通过人工培育蚯蚓、蝇蛆、小鱼虾、黄粉虫、水蚤（蝌蚪饵料）等途径增加活饵供给，解决饵料不足的问题。蟾蜍的死饵料（静饵）包括各类冰鲜的海淡水鱼虾、屠宰场下脚料、砸碎的螺、蚌肉及人工配合饵料等。投喂时，条鱼要切成小块，禽畜肉类、内脏、血液要煮熟或开水烫过后再切成条块状（每块饵料粗细小于1/2体长和头宽）。人工配合饵料蛋白质含量应保持在35%以上。

2. 成蟾饵料的投喂

刚变态的幼蟾，个体幼小，体内营养在漫长的变态过程中消耗很大，应及时饲喂幼蟾易捕食的适口小动物，如蚯蚓、蝇蛆、面包虫、小昆虫、小鱼苗等活饵。经一段时间后，随着个体的长大，幼蟾食量不断增大，此时要广辟饵料来源，采取多条途径、多种方式解决饵料供给问题。如果是小型的庭院养殖或半人工粗放养殖，也许依靠灯光、植草诱集昆虫和野外收集饵料生物等方法，就可确保饵料供给。但在进行规模化养殖时，诱虫只能作为饵料来源的一个补充途径，主要供给必须依靠人工投饵。人工投饵有两种方法：一是投喂人工培育或捕捉的各种鲜活饵料；二是进行人工驯化，即驯化蟾蜍采食静态死饵。

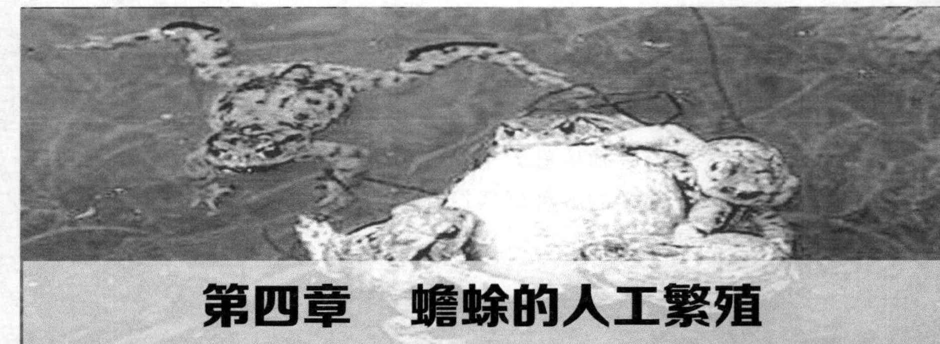

第四章　蟾蜍的人工繁殖

少量养殖蟾蜍，可以采用自养自繁的方式解决种苗的供应问题。自然繁殖的蝌蚪或成蟾分散，不易大量收集，且规格大小和优劣不一。蟾蜍规模化养殖的一项基本条件是要求适时供应大量规格整齐的优良种苗，因此，必须采取人工繁殖的方法来生产蟾蜍种苗。

第一节　种蟾的选择

种蟾质量的优劣不仅直接影响着人工繁殖的产卵率、受精率、孵化率，也会对蝌蚪及蟾蜍的生长，乃至蟾酥产量产生影响。确保种蟾质量优良，必须抓好种蟾选择和培育这两个环节。

一、种蟾的来源

种蟾有三个来源：一是从外地或其他养殖场购种；二是从蟾蜍养殖场的后备自养种蟾中选出；三是从人工流放的大自然水域中收集。

（一）购入种蟾

购入种蟾，除要注意种蟾选择中的几个问题外，还要考虑种蟾购入的时间。从外地引种宜在每年的初春，蟾蜍刚度过了冬眠期，并已开始活动时进行，此时蟾蜍代谢水平较低，便于运输和管理。

冬眠期的蟾蜍对外界环境温度的变化和疾病的抵抗力都较低；5～10月份蟾蜍的新陈代谢旺盛，且气温高，容易因碰伤、创伤、运输所致的胃肠炎、红腿病等而死亡，因此不宜长途运输。冬眠期间的蟾蜍抵抗力低，强行挖出冬眠的蟾蜍，会影响其正常的代谢，易生病。冬眠期间气温较低，气候变化较大，会加重购回后管理的负担。早春引进的越冬幼蟾养至次年即可产卵。秋末冬初引进的幼蟾价廉，但需加强越冬前的饲喂管理，才能平安越冬。引进成年种蟾，最好在秋季，这时引进的成蟾略加培育即可安全越冬，翌年春末夏初产卵，秋季运输易于成功。春季引种，应选择腹中有卵块的，这种成蟾经过短期饲养即可产卵。夏季的蟾，多数已产过卵，养到次年才能繁殖，周期长，且夏天炎热，运输较为困难，所以，夏季不适宜引种。

不同地区、不同种类的蟾蜍结束冬眠的时间有所不同，购入时要加以考虑，如花背蟾蜍冬眠自11月上旬开始至翌年4月初才结束。中华大蟾蜍一般自11月上旬入眠，至翌年2月下旬出蛰，据观察，湘西地区的中华大蟾蜍在2月上旬出蛰交配产卵后，还要入水再休眠。冬眠结束后，如果购入的是幼蟾，随着季节的变暖，气候稳定时，即可开始食性驯化；喂活饵的话，此时的昆虫数量逐渐增加利于饵料补充，也可以在自然条件下培育活饵料，以此作为幼蟾的饵料。如果购入的是经过食性驯化的性成熟的成蟾，只要在购入前准备好养殖场所和饵料，短期内即可繁殖生产。

（二）捕捉种蟾

捕捉野生蟾蜍，可在冬眠即将结束或出蛰后一直到秋季进行。捕捉时应选择个体大、体质健壮、无伤残、性征明显的个体留种用。

（三）捞卵块

捞取野生蟾蜍的卵块为种源较为经济，但增加管理负担。在春末夏初，蟾蜍的产卵繁殖季节早期，到稻田、池塘、水沟等有机质丰富的浅水水域等蟾蜍的产卵场所（表4-1）寻找、捞取蟾蜍早期所产的卵块。此时的卵在正常环境条件下，约3～4天即可孵出蝌蚪（如气温较低，需要时间长一些）。

表4-1 我国常见经济蟾类的产卵场所、产卵类型、卵群形态和一次产卵数

种类	产卵场所	产卵类型、卵群形态、一次产卵数
中华大蟾蜍	沼泽、山地、水坑、水沟、水田及池塘冬浸田	一次产卵型；长带状；2725～9658枚/次
华西大蟾蜍	小溪流水内	一次产卵型；长带状，卵在带内排成双行
黑眶蟾蜍	房前屋后、池塘、废粪水池、水田、水沟	一次产卵型；长带状；4324～9951枚/次
花背蟾蜍	水深5～35厘米静水及溪流边水流较缓处	刚产出时呈单列，吸水后为1、2或3列；3000枚/次
棘胸蟾	山溪回水或缓流处	多次产卵型；片状，串状，单层排列；122～236枚/次
棘腹蟾	山间溪流平缓处	多次产卵型；片状，团块状；300枚/次左右
中国林蟾	10～15厘米水深的池中、水塘、水溪、水沟	一次产卵型；单层片状粘于附着物上；800～22580枚/次
虎纹蟾	水库、田间、水沟等	多次产卵型；片状浮于水面；580～2620枚/次
黑斑蟾	水库、田间、水沟、水池、湖边、小河边等	一次产卵型；堆块状；1755～4863枚/次
金线蟾	水库、田间、水池、水沟、小河	多次产卵型；1048枚/次
沼蟾	水库、田间、水沟、废粪水池	多次产卵型；片状浮于水面；2871～4090枚/次
泽蟾	各种水沟、沼泽、水田、雨后积水区	多次产卵型；片状浮于水面后散落水底；551～1530枚/次

大多数经济蟾类的卵由于其外膜富有黏性而彼此粘连在一起，呈带状、片状、堆块状（图4-1）。捞卵块时要注意蟾蜍卵与青蛙卵的区别：蟾蜍的卵块呈带状产出，通常缠绕在沉水植物上（图4-1、图4-2）；青蛙的卵结成卵块，呈团状。春季为产卵期，采集卵块发展养蟾是目前养蟾者普遍采用的方法。采卵的方法有直接采卵法和人工招引法两种。

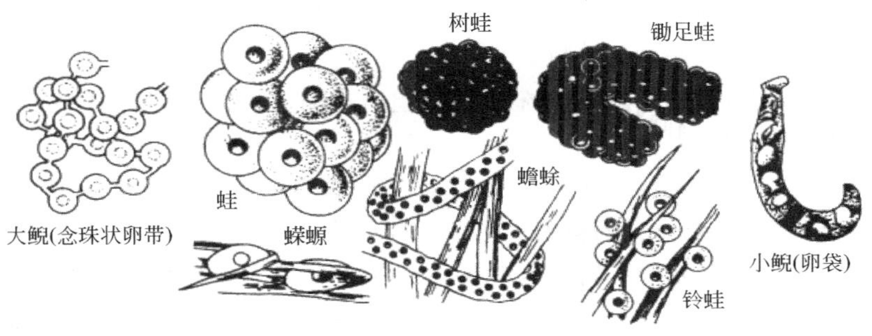

图 4-1　几种两栖类的卵

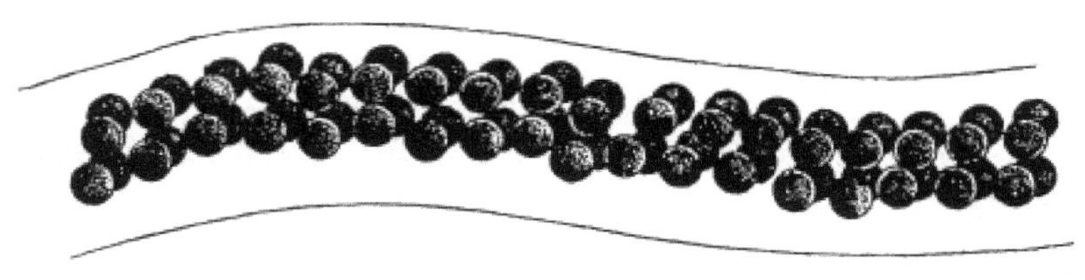

图 4-2　蟾蜍的卵块

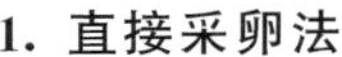

1. 直接采卵法

直接采卵法即到田间、水坑、沼泽直接采集卵。捞取卵块宜早不宜晚，越早越好。在产卵期，每天 5～10 时捞取卵块最好，此时蟾卵刚产出不久，卵重量轻，弹性大，容易运输。雌蟾卵块排出 2 小时后重量增加 2 倍，4 小时后重量增加 5 倍。卵块排出时间越长，卵粒胶膜相互黏结越松散，在采集运送过程中容易分散，放入孵化池后易沉入水底，孵化率较低。因此，采集卵块越早越好，最好在排卵后 4 小时之内采集。

2. 人工招引法

人工招引法有两种。第一种为圈养雄蟾招引法。在灌水耙平的稻田里，选取一块挖有水沟的土堆用塑料薄膜围好，把别处捉到的雄蟾放养于圈中。由于雄蟾求偶鸣叫不绝，附近的雌蟾会前来抱对，天亮后，可采到蟾卵，转移至孵化池。第二种为人工灌水招引法。在近水源的稻田或旱地，选取一块地耙平后挖坑灌水，因其他地块干涸，也会招引蟾蜍产卵。

捞取的蟾卵一般只宜在短时短程内运输，运输时注意采用清洁水源，不使水温过高（5～18℃，可用冰块或换清凉水降温），减少振动等。短距离运输可用干净的盆、水桶盛装，桶内可以不装水，只装卵块，但是必须尽快送到孵化池。时间过长，卵块相互粘连严重，影响胚胎发育，降低孵化率。远距离运输，盛装卵的工具要大一些，加水装运蟾卵，加水量应当是卵块体积的 3 倍以上。在运输途中，既要考虑保持适宜水温，使蟾卵不致热死，又要考虑水的溶氧量，使蟾卵不致憋死。加水运输能减少卵块粘连，保持卵块完整，有利于卵的发育。

（四）捞蝌蚪

蟾蜍引种也可到稻田、池塘、水沟等场所捕捞蝌蚪。但应注意区分蟾蜍与青蛙蝌蚪。青蛙蝌蚪身体近似圆形，颜色较浅，尾巴较长，口位于头部前端（图 4-3）。蟾蜍蝌蚪较青蛙蝌蚪大许多，其身体有些长，黑色，尾巴比较短，其颜色比身体稍浅，口位于头部前端的腹面（图 4-4）。5～7 月初孵出的蝌蚪，当年越冬前可完成变态，也能安全越冬；7 月中旬以后孵出的蝌蚪，当年最好不使其变态，否则难以安全越冬；3～4 月份的越冬蝌蚪，体形大，抗病力和适应性强，养至 6 月份已变态成幼蟾，翌年即可抱对产卵，但这种蝌蚪种价高，因个体大而增加运费。

蝌蚪有群居性，活动缓慢，比鱼苗更易于捕捞。捕捞工具可选用鱼苗网、网抄或塑料窗纱网。大面积的蝌蚪池以使用鱼苗网进行捕捞为宜，一般只需用鱼苗网在池中拉一次即可捕捞起绝大部分蝌蚪。较小面积的蝌蚪池可使用窗纱制成的捕捞网，捕捞网根据蝌蚪池的大小而定，一般网长 3～4 米，操作时两端各 1 人，中间 1 人，采用类似于拉鱼苗网的方法，即可获得良好的捕捞效果。小面积的蝌蚪池可使用网抄捕捞。网抄包括抄柄、网圈、网三部分。抄柄可用坚硬的木棍或竹竿等，网圈用粗硬的铁丝做成，网用塑料窗纱等做成。

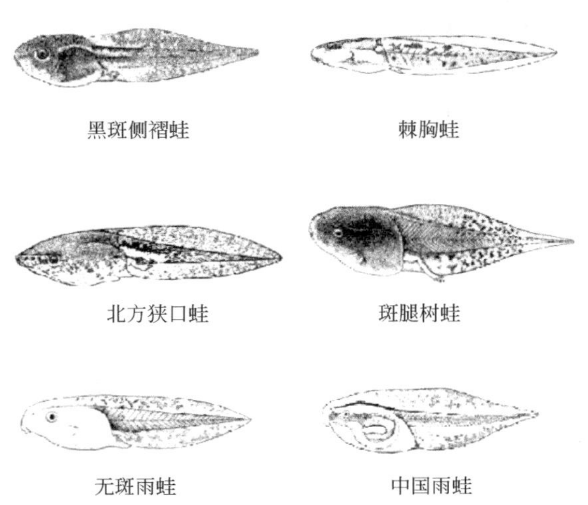

图 4-3　几种青蛙的蝌蚪形态

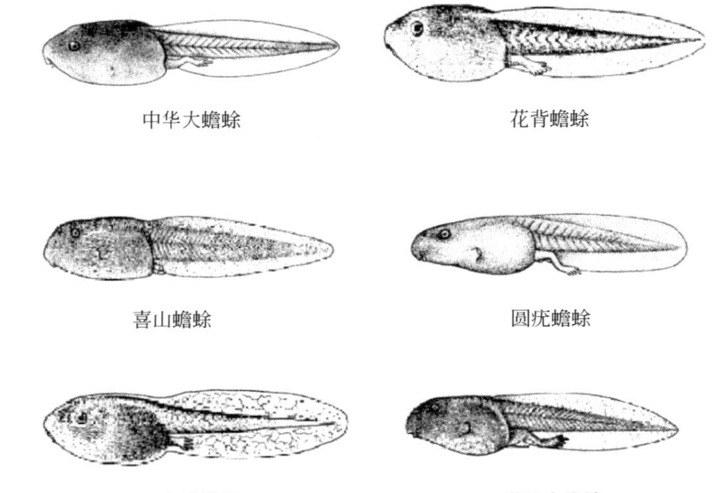

图 4-4　几种蟾蜍的蝌蚪形态

二、种蟾的选择

种蟾的选择工作，宜在每年春天蟾蜍结束冬眠时进行。也可在前一年晚秋，蟾蜍冬眠前选择好种蟾，然后单独饲养、强化培育。选择种蟾必须符合如下标准：

1. 具有蟾蜍种的特征

我国蟾蜍资源较为丰富，自然分布的蟾蜍有 2 属、16 种（亚种），遍布全国各地。在选种过程中，可参考我国蟾蜍属分种检索表进行蟾蜍种类鉴别。目前人工饲养的蟾蜍主要有中华大蟾蜍、黑眶蟾蜍和花背蟾蜍，可参考本书前面介绍的人工养殖常见蟾蜍的形态特征进行鉴别、选择。一般来说，蟾蜍个体越大，生殖力越强，产生精、卵细胞的质量越好，受精率和孵化率越高；个体越小，则生殖力，精、卵细胞的质量，受精率及孵化率较差。一般要求雄蟾有明显的婚垫，雌蟾腹部膨大、柔软，卵巢轮廓可见，富有弹性。

2. 个体特征

体色鲜艳、有光泽，体质健壮，无病伤，雄蟾前肢婚垫明显，雌蟾体形丰满、腹部膨大。具备本种体形特征，雄蟾抱对能力强，雌蟾的产卵量较高且卵的孵化成绩好。凡躯体及四肢被刺伤、留有伤口或洞孔，四肢发红，行动迟钝，皮肤无光泽、发黑或腐烂的均不宜作为种蟾。

3. 成熟度要尽量一致

成熟度要尽量一致，可使种蟾产卵时间集中，便于孵化和蝌蚪培育的管理。如有条件，最好从同一批后备种蟾中挑选生长状态和体形一致的个体作种蟾，或从不同年龄的群体中选出种蟾后分池饲养。

4. 年龄

宜选择 2～5 龄的青壮年蟾蜍，不宜选择超过 5 龄的或小于 2 龄的蟾蜍留种用。没有达到性成熟或虽然性成熟但个体太小的蟾蜍，往往生殖能力差，产卵量小。个体太大、5 龄以上的老年蟾蜍，所产卵的受精率和孵化率等孵化成绩不及青壮年蟾蜍。这两类蟾蜍均不宜选为种蟾。

5. 雌雄种蟾的血缘关系宜远

选择血缘关系过近（如同胞、亲子等）的雌、雄种蟾配对，不仅受精率、孵化率低，而且孵化出的蝌蚪成活率低，蝌蚪及蟾蜍的生长也不好。

6. 适宜的雌雄性别比例

在选择种蟾时应注意雌雄性别比例。一般认为雌雄比宜在(1～2)∶1之间，也有人认为可达到3∶1。蟾蜍是两性动物，一般来说，两性之间存在着较显著的差异，包括体形、体棘、声囊和鸣声、婚垫、指的长度、蹼的发育程度、体色、雄性线等。有些种类的性别差异只有在繁殖期才出现，而在非繁殖期又消失；有些种类性成熟后就终生保持。通过这些差异可进行蟾蜍性别鉴定。

（1）体形　一般来说，蟾蜍的雌性个体要比雄性体长大一些，体重略大一些。如中华大蟾蜍在繁殖期，雌体长为97.12毫米，雄体长为90.85毫米；花背蟾蜍在繁殖期间，雌体长在60～69毫米之间，而与其抱对的雄体长平均仅56.17毫米。

（2）婚垫　几乎大部分蟾蜍在雄性成体或至少在繁殖期都在第一指基部局部隆起形成婚垫，少数种类在第二、三指基部都有。婚垫上富有黏液腺或角质刺，用于加固抱对用。如中华大蟾蜍在性成熟前雄体无婚垫，而达到性成熟后一般均具有婚垫。此外，婚垫同季节有一定的关系。春季抱对后，婚垫的颜色逐渐变浅，甚至消失；夏秋季，婚垫又复出，颜色由浅变深；到了冬季，婚垫呈深黑色。

（3）体色　有些蟾蜍的雌雄之间常有体色差异，在繁殖季节这种差异更显著，如花背蟾蜍生活时，雄性背面多呈橄榄黄色，有不规则的花斑，分散的疣粒上有红点。雌性背面呈浅绿色，花斑为酱色，疣粒上也有红点，头后背正中常有浅绿色脊线，上颌缘及四肢有深棕色纹（图4-5）。

（4）声囊和鸣声　蟾蜍在实现抱对前必须移向繁殖场所。蛙蟾类雄性普遍具有的第二性征之一是扩大声浪的声囊，鸣声可以起到吸引雌性的作用（表4-2）。声囊是大多数种类的雄性在咽喉部由

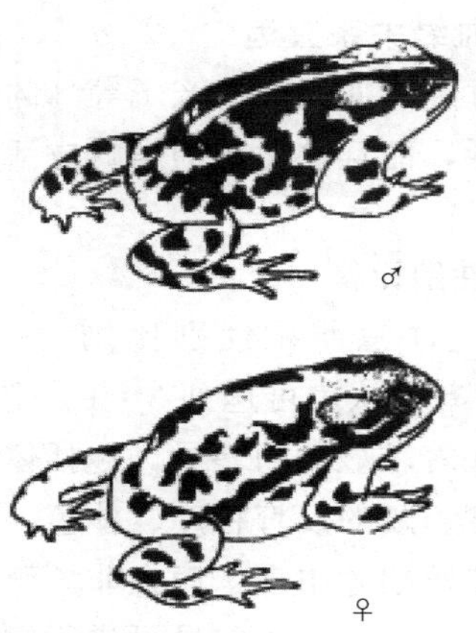

图 4-5 花背蟾蜍的背斑区别

咽部皮肤或肌肉扩展形成的囊状突起。在外表能观察到的为外声囊，反之即为内声囊。声囊发达的种类一般鼓膜也较明显。如雄性黑眶蟾蜍有单咽下内声囊，声囊孔多在右侧，长裂形，能发出“嘎嘎嘎”的鸣声；花背蟾蜍有单咽下内声囊，声囊孔仅在右侧，长裂形，发“呱”的鸣声（“咯”为警告声）；中华大蟾蜍无声囊，但也能发出较细的鸣声。

表 4-2 几种蛙蟾类的鸣声

种类	鸣声
棘胸蛙	咕咕咕(咔咔为雌性应和声)
棘腹蛙	呱—呱—呱和嘎呱或梆—梆—梆
黑眶蟾蜍	嘎嘎嘎
花背蟾蜍	呱(咯为警告声)
东方铃蟾	咣、咣(似狗叫)
沼蛙	咣、咣(似狗叫)
花姬蛙	哇哇哇
日本林蛙	呱呱呱
黑斑蛙	咯咯咯
牛蛙	啊嗡(似牛叫)(咔咔)为雌性应和声

需说明的是，如果是从外地引种，除按上述标准选择，引进性成熟的种蟾外，也可引进大量蝌蚪和幼蟾，待1～2年蝌蚪或幼蟾长成后，再从中选择种蟾，落选者作为商品蟾蜍。这样虽然繁殖的速度慢一点，但引种上花费的投资少，并且在饲养蝌蚪和幼蟾的过程中，还可积累一定的经验，落选者出售后也可较快获利。

第二节　种蟾的培育

种蟾必须进行科学的饲养管理、精心培育。这不仅能确保其生长健壮和具有良好的繁殖性能，而且对其后代（包括商品蟾蜍）的生长和繁殖也有决定性影响。

一、影响种蟾繁殖性能的因素

1. 营养条件

营养是影响蟾蜍繁殖性能最重要的因素。蟾蜍营养状况的好坏、繁殖性能的高低，可以根据其脂肪体和卵巢的发达程度来衡量。脂肪体内贮存的脂肪，不仅是蟾蜍冬眠期维持生命和体温的能量来源，也是卵子和精子形成过程的营养来源。据测定，中华大蟾蜍冬眠前后的脂肪体指数（脂肪体重÷体重×100%）有明显变化，经过冬眠后所有个体的脂肪体指数均由冬眠前的0.478±0.039，下降到冬眠后的0.221±0.025，下降率为53.76%，显然脂肪体在冬眠期间被大量消耗，以维持其新陈代谢。另有研究表明，雌性花背蟾蜍在冬眠前脂肪体指数（3.376）显著大于雄性蟾蜍的脂肪体指数（2.807），这说明雌性蟾蜍为了其生殖细胞在冬季发育准备了更多的营养。因此，秋季营养条件不良，蟾蜍脂肪体贮存营养少，不仅影响蟾蜍的安全越冬，也影响卵细胞和精细胞发育，到春季即使加强培育其不利影响也难以消除。当然，春季不注意精心培育、营养条件差，种蟾的性细胞发育也会受严重影响，甚至停止发育。

在正常情况下，雌蟾个体大，卵巢大，产卵量也多；反之，个体小，卵巢小，产卵量也少。如果饵料供应不足，蟾蜍个体难以长大；个体大的蟾蜍，如果饵料不足，则脂肪体被吸收，卵巢呈萎缩状态。

综上所述，蟾蜍营养状况和繁殖性能的优劣不能仅看其个体大小，还应看其脂肪体和卵巢的发达程度。要说明的是，检查脂肪体和卵巢的发达程度需要进行剖检。在此介绍这两个衡量标志的目的是说明营养状况对种蟾繁殖性能的重要性。

2. 水温

水温不仅会影响蟾蜍达到性成熟的时间，而且会影响性成熟蟾蜍抱对与产卵的时间。在适温范围内，随着温度的升高，性腺发育速度加快。

3. 水质

种蟾在卵巢成熟及性细胞发育过程中需要清新的水环境，水的pH值应适中，水中不含有毒物质。尤其某些放射性或使细胞发生突变的化学污染物会使后代种蟾生活力下降或畸形，应引起重视。

4. 光照

据研究，两栖类在完全黑暗条件下，其性腺不能发育成熟。因此，种蟾的养殖应保证一定的光照时间，这对于后备种蟾的培育尤为重要。

二、种蟾的培育技术

种蟾的培育应从变态后的幼蟾开始，即将幼蟾作为后备种蟾培育。后备种蟾培育，一是要加强饲养管理（不仅投饵量要足够，而且要尽量投喂一些鲜活的适口饵料，并相应减少人工饵料的投喂；不仅要注意产前的精心培育，而且种蟾产后仍准备作种蟾的不能放松培育管理，甚至未达到性成熟的后备种蟾就应加强培育管理）；二是养殖密度宜小。在此仅介绍选择出的成年种蟾的培育技术要点，其他饲养和管理与相应阶段的蟾蜍相同。

1. 种蟾的放养密度

种蟾的放养密度过小，会造成设备利用率下降；密度过大，则不利于种蟾的抱对、产卵。种蟾的放养密度，一般以1～2只/米^2

水面为宜。

2. 雌雄种蟾性比

一般生产情况下，雄性过多会造成雄蟾之间互相拥抱或在争雌中相互搏斗；反之，雄性过少则会造成雌蟾失配而不能大量排卵和降低受精率。种蟾性比一般应根据具体情况而定，一般小群体、小规模养殖时，种蟾的性比以 1∶1 为宜。在大群体、大规模养殖时，群内雌蟾不可能在同一时期内发情，而雄蟾排精后，在短期内仍可再次抱对、排精，适当减少雄蟾的放养比例仍可获得正常的受精率。因此，进行大群体、大规模种蟾培育时，雌雄比可按 2∶1 放养，也可采用 3∶2 或 8∶5 的放养比例。但雌雄放养比例不得高于 3∶1，否则会影响受精率。

3. 饲养

种蟾摄食量大，要求饵料种类多、适口性好、营养丰富而全面。养殖时，要尽量多投喂动物性活饵。一般每只每日投饵量为体重的 10%，动物性饵料不应少于 60%。值得提出的是：蟾蜍在进入冬眠前，往往有一个积极取食的越冬前期，此时会大量捕食，为越冬贮存营养，如花背蟾蜍在这段时间里白天和晚上都捕食，而在其他时间白天不捕食，对此应予以足够重视。

4. 管理

种蟾管理应做好调节水位及水质、保持安静、除敌害、防病和越冬防护等工作。

为了保持良好的水质，应经常向种蟾池注入新水，一般为每周 1～2 次。在抱对、产卵期间水位应保证有足够的产卵适地（1/3 以上水层保持 10～15 厘米深）。蟾蜍抱对时要保持环境宁静，切忌嘈杂，否则会影响抱对、排卵、排精。抱对时的种蟾处于生殖兴奋状态，对天敌入侵反应不灵敏，御敌能力大为降低；而蟾蜍卵更易为鱼类、其他蟾类等动物吞食。因此，应注意防、除敌害（如蛇、鼠等），发现病蟾应及时隔离治疗。

此外，种蟾饲养和管理的其他要求和具体技术可参考成蟾的饲养和管理。

第三节　蟾蜍的繁殖特征

一、蟾蜍的性成熟与生殖季节

1. 性成熟

动物生长发育到一定年龄，生殖器官已经发育完全，生殖机能达到了比较成熟的阶段，基本具备了正常的繁殖功能，称为性成熟。蛙蟾类性成熟年龄因种而异，差异很大（见表4-3），长者需4～5年，短者只需几个月，即使同种也因分布地区不同而有所差异，这是它们长期与自然环境条件协同演化的结果。在自然条件下，由幼蟾到性成熟大约需要3年。

表4-3　几种蛙蟾类的性成熟年龄

种类	性成熟年龄/年	性成熟时最小体长/毫米
牛蛙	3～4(美国)、1～2(中国)	85(雄),90(雌)
泽蛙	2～3	60(雄),65(雌)
中国林蛙	3	—
猪蛙	1～2(中国)	—
黑斑蛙	1～2	—
中华大蟾蜍	3	58(雄),63(雌)
棘胸蛙	1(雄),2(雌)	—
峨眉髭蟾	4～5	—

2. 生殖季节

研究结果表明，光照（光照强度和光照周期）、温度、降水、饵料供应的丰富度都影响蟾蜍的生殖活动，其中光照周期是最重要的因素。在我国，蟾蜍一般在出蛰后，水温回升至10℃以上时进行繁殖。蟾蜍的产卵季节因种而异，即使同一种类也因地理分布不同而有所不同。在生殖季节，性成熟的蟾蜍便开始抱对繁殖，雄蟾比雌蟾提早1～2周发情。雌蟾未发情时，拒绝雄蟾抱对。

二、蟾蜍的求偶、抱对、产卵与受精

1. 求偶与抱对

蟾蜍自然产卵、受精过程的完成，必须借助雌、雄蟾拥抱配对（或称抱对）。雄蟾没有交配器，不能发生雌雄两性交配，而是进行体外受精。抱对可刺激雌蟾排卵，否则即使雌蟾的卵已成熟也不会排出卵囊，最后会退化、消失。抱对还可使雄蟾排精与雌蟾排卵同步进行，使受精率提高。因此，抱对对蟾蜍的产卵和受精极为重要（图 4-6）。

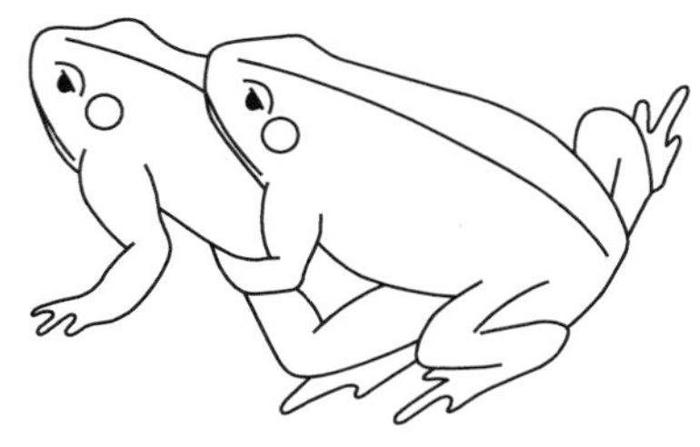

图 4-6　蟾蜍的抱对

蟾蜍的求偶行为主要表现为雄蟾的鸣叫。黑眶蟾蜍、花背蟾蜍的雄性咽部具有声囊，能扩大鸣声，以招引异性。蟾蜍的鸣声是种内识别的主要手段，具有种的特异性，包括频率、脉冲和长度等。雄蟾的鸣声可被雌蟾识别，雌蟾在听到后，在生理上和心理上都发生一些变化，以准备交配。

在繁殖季节，一般是雄蟾先选择进入产卵场所后发出求偶的鸣声。雄蟾在鸣叫时，一般还会伴有一些行为，如花背蟾蜍在水中（水坑或溪流边缘）鸣叫时，常伴有下列行为：①调整方向，但头部最后多朝向外侧；②静听观察；③追逐。雄蟾一旦发现附近有其他个体活动，会立即追过去，抱住其胯部。若被抱者是雄蟾，其低声发出“咯、咯、咯”警告叫声，抱者松开，被抱者多离去。

参与繁殖的雌蟾听到雄蟾鸣叫后，多向离其较近且持续鸣叫的雄蟾移动。雄蟾发现后，多立即追赶过来，雌蟾可能朝背离雄蟾方向移动一段距离，雄蟾追上抱对。经一番试探后，雌蟾接受雄蟾，于是雄蟾便蹲伏于雌蟾背部，用前肢紧紧抱住雌蟾的躯干前部，抱对时婚垫加强了抱握的牢固度，形成稳定的配对后，雄蟾停止鸣叫，二者潜游于水中，或于静处水草丛中探出水面漂浮着，抱对时间一般为 9～12 小时，最长可达 20～60 小时。

在陆地和浅水处，已抱对的个体常遭到其他雄蟾进攻，抱在抱对雄蟾的背部或后肢，被抱的雄蟾连连发出警告声，同时用后肢猛蹬后来者，直至其离开。有时参与这种斗争的个体达十几只，滚作一团，以致有的个体窒息死亡。

一般来说，蟾蜍的配对有一定的规律，雌雄在体长等方面有一定的比例，也就是说存在性选择。较大雄蟾抱握较大雌蟾成功性较大，而较小雄蟾抱握较大雌蟾成功性较小；雌蟾平均体长大于雄蟾，较早参与繁殖的雄蟾在繁殖季节抱对不止一次。

2. 产卵

（1）产卵时间和场所　蟾蜍在抱对成功后，经一段时间，选好产卵场所，两性活动逐渐增强达到高峰时，即开始产卵。其产卵场所可分为水中环境和水外环境两大类。而水中环境又可分为静水环境和流水环境；静水环境又可分为永久性水体环境和暂时性水体环境。根据水温又可分为温水环境和冷水环境。不同种类的蟾蜍选择不同的产卵场所。

性成熟的雌、雄种蟾在繁殖季节抱对时，雄蟾跨骑在雌蟾的背上，用前肢指的发达婚垫，夹住雌蟾的腋部。抱对多在傍晚和下半夜进行。在抱对时，雄蟾对雌蟾的拥抱刺激由外周神经传递给雌蟾中枢神经系统。雌蟾中枢神经发出指令至脑下垂体，脑下垂体分泌促性腺激素作用于卵巢使卵巢壁破裂，成熟的卵子脱离卵巢、跌落体腔，继而进入输卵管，最后经泄殖孔排出体外。蟾蜍抱对过程需要数小时至 2～3 天才能完成。其间雄蟾按前述方式拥抱、匍匐于雌蟾背上，并用前肢做有节奏的松紧动作，诱发雌蟾将卵排出。雌蟾排卵时除臀部外，其余部分完全沉浸于水中，后肢伸展呈“八”字形，腹腔借助腹部肌肉和雄蟾的搂抱进行收缩产卵。雄蟾则同时排精，并用后肢做伸缩动作拨开刚排出的卵子，使之漂浮于水面，完成体外受精。受精后的受精卵外面有卵胶膜包裹，以利于胚胎安全发育成蝌蚪。

产卵亲蟾通常产完卵后才分开。产卵时间随产卵量多少而异，一般是10～20分钟。自然产卵受精的时间多集中在早晨4～8时。生态条件不适，也会出现滞产和难产，造成卵子过熟。因此，不要惊扰抱对的种蟾，要保持环境安静，以免中途散开而不能排卵，卵子在输卵管和泄殖腔中滞留时间太长，造成卵子过熟现象。此外，还要注意水质、活动面积、水温、水深等条件要适于种蟾的抱对、产卵。

（2）产卵次数、卵块形态和产卵数量　蟾蜍的产卵期长短与其产卵次数有关，产卵次数越多则产卵期越长。根据产卵期内产卵次数，可分为一次产卵型种类和多次产卵型种类。一次产卵型种类在繁殖季节其卵巢中的卵球大小一致，同时成熟，一次产完，主要有中华大蟾蜍、黑眶蟾蜍、花背蟾蜍等。多次产卵型种类的卵巢呈季节性变化，雌蟾卵巢内同时有几种大小不同的卵球，分批成熟，多次产卵。

大多数蟾类的卵由于其外膜富有黏性而彼此粘连在一起，呈带状、片状或堆块状。蟾蜍的胶质膜连成长条状，青蛙和树蛙的卵聚集成团块状（图4-1）。不同种类蟾蜍的产卵数量差异很大，多的可达几万粒，少的只有数十粒，甚至一粒。产卵数的多少，一般与产卵次数、卵球的大小以及成体护幼行为的有无有关。凡是一年产卵一次者其产卵数较多，如黑眶蟾蜍一次产卵可达9954枚，中华大蟾蜍一次产卵可达2725～9658枚。

（3）蟾蜍卵的质量鉴别　蟾蜍受精卵有动物极与植物极之分，植物极在下，动物极在上。动物极有深黑色的色素冠，约占整个卵表面积的3/5；植物极为乳白色，收集卵块时两极的方向不能颠倒。受精卵排出后，经孵化酶2～4小时的作用，胶质膜逐渐变软，失去弹性，浮力减小，如没有水草作附着物，卵块就会沉入水底。因此，种卵产出后应尽早采集。收集卵块时，应将卵块与所附着的水草一起剪断，立即用光滑的器具将卵块连水移入孵化池。采卵和转移时，应特别小心仔细，切莫使卵受损伤，并且卵块动植物极不能颠倒。蟾蜍受精卵的胶质膜柔软而黏性大，遇粗糙物容易黏着，造成伤害，故不宜用网捞取。

对产出的蟾蜍卵可根据卵块大小、卵粒多少和吸水状况等鉴别其质量。成熟不良的卵，卵块分布散乱，平均卵径较小，色泽不鲜艳或呈大团，吸水不分开，这种卵往往受精率低。成熟卵卵块分布均匀，吸水膨胀快，卵粒大小整齐，卵径较大，动物极呈青黑色、有光泽，受精率高。过熟卵色暗而无光泽，呈暗灰色，胶质黏性不强，易下沉于水底，受精率低。

3. 卵细胞的受精

蟾蜍的卵外有 2～3 层胶质膜，胶质膜轻而薄，可被精子头部含有的蛋白酶分解和穿透，与卵子结合形成受精卵，并吸水膨胀漂浮于水面，以利于接受光照和积贮发育所需的热量。胶质膜还有促进精子正常受精、保护受精卵和使胚胎免遭污染、机械损伤、低渗影响、病原体入侵及水生动物吞食等作用。蟾蜍卵细胞的受精率受介质种类及其条件、雌雄比例、温度等因素的影响，一般来说，在流水中产卵种类的受精率比静水中产卵种类的受精率低。蟾蜍卵在受精前后的比较见图 4-7。

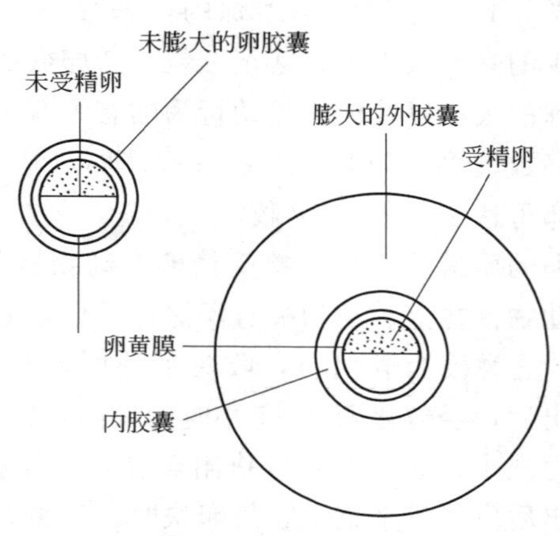

图 4-7　蟾蜍卵在受精前后的比较

三、蟾蜍的胚胎发育

（一）蟾蜍的胚胎发育特点

蟾蜍的未受精（成熟）卵为圆形，动物极呈黑色，植物极呈深棕色，直径 1.3～1.5 毫米。刚产出的未受精卵浮在水中，有的植物极在上，有的动物极在上。卵子受精后，细胞质开始流动，卵黄偏于植物极，使植物极较重，动物极全部在上。如植物极仍在上的，则为未受精卵。蟾蜍的胚胎发育是指由受精卵起始发育到两鳃盖闭合、外鳃完全消失、仍以卵黄为营养的蝌蚪时期为止（从严格意义上讲，上述过程只能称为早期胚胎发育。蝌蚪经生长发育后变态成幼蟾，然后达到性成熟等的发育过程，通常称为胚后发育）。其过程可分为 25 个时期（图 4-8）。下面分五个阶段介绍这一过程的特点：

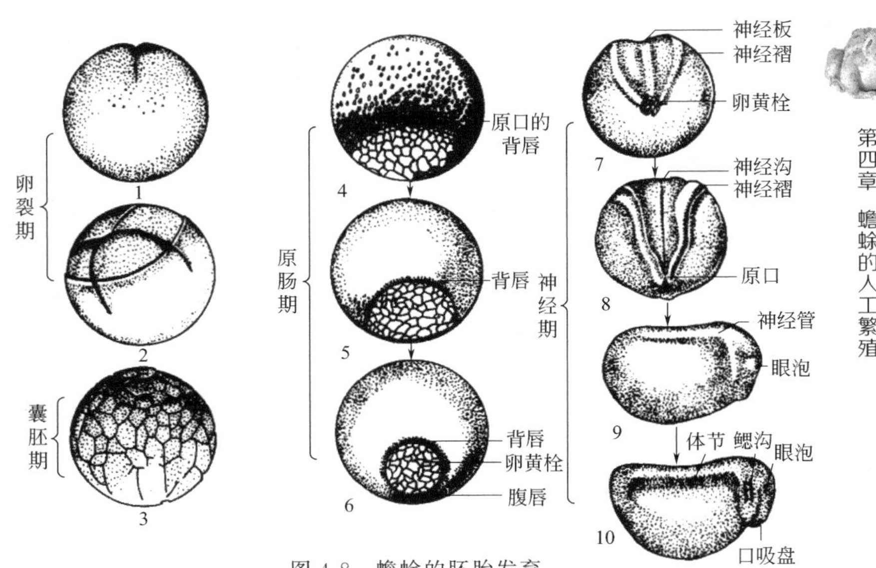

图 4-8 蟾蜍的胚胎发育

1. 卵裂阶段

卵裂阶段即受精卵经过多次分裂形成一个多细胞胚体。这一阶段的特点是受精卵分裂，本身不生长，分裂的次数越多则细胞体积越小。蟾蜍的受精卵因内含的卵黄分布不均而进行不完全卵裂，动物极与植物极的细胞分裂是非等速进行的。

2. 囊胚阶段

从第六次卵裂开始，由于动物极细胞分裂快，植物极细胞分裂慢，在动物极一端出现充满液体的囊胚腔，囊胚腔随着细胞分裂而迅速增大。

3. 原肠胚形成阶段

囊胚的细胞继续分裂、生长，使较小而数量众多的动物极细胞向下包围植物极细胞表面，同时植物极细胞也相应移动和内陷，最后动物极细胞将植物极细胞全包，形成一个空腔即原肠腔。这时的胚胎称为原肠胚。原肠胚中的原肠腔是未来的消化道，其开口即将来肛门的位置。

4. 神经胚形成阶段

原肠胚背部的外胚层细胞加厚形成神经板。神经板两侧增厚并隆起形成神经褶，最后靠拢合并成为神经管。同时胚体前后拉长，后期胚体长约 2.4 毫米。

5. 器官发生阶段

从尾芽期起，前面阶段所形成的胚层开始分离而成为初级器官原基，进而形成固定的次级器官原基，开始明显分出各种组织，各器官逐步分化定型，至心跳期胚胎大部分孵化出膜。当蝌蚪孵化出膜后，胚胎的发育仍在进行，外鳃、口唇、眼的角膜等器官仍在分化之中。

蟾蜍的卵由受精到发育成幼体所需的时间，可因时、地、水温和种类而不同，通常在水温 12～23℃条件下，约需要 4～5 天。

(二) 影响胚胎发育（即孵化）的因素

受精卵的胚胎发育，首先取决于卵子的质量，而适宜的外界条件对于胚胎发育是不可缺少的。蟾蜍的卵从受精到发育成幼体所需孵化时间，可因种类、水温不同而略有不同。水中溶氧量和 pH 值等其他环境因素对胚胎发育也有较大的影响。

1. 水温

温度是蟾蜍胚胎发育的控制因素，其与胚胎发育时间密切相关，低温和高温条件均可影响经济蟾类胚胎的正常发育。一般来说，水温在6～29℃胚胎都能发育，最高限温32℃，1℃时不能发育，最适发育温度为17～23℃，14℃以下、26℃以上恒温环境下胚胎畸形率、死亡率逐步增大。在正常发育温度范围内所需时间随温度的升高而缩短，即温度升高，发育速度随之加快。胚胎发育速度，从受精卵开始发育至鳃盖完成期，14℃、17℃、20℃、23℃、26℃、29℃条件下分别历时374小时35分钟、224小时19分钟、208小时17分钟、149小时30分钟、124小时52分钟、121小时25分钟。在繁殖季节，特别是繁殖早期，宜在孵化池上设保温设备（如塑料顶盖等），以避免夜晚和寒潮低温影响，保证孵化水温维持在22℃左右（气温高的晴天可在中午前后取下塑料顶盖，以免温度过高）。

2. 水质

孵化用水要求清洁，不含有毒物质，有机物含量低，pH值为6.5～7.5，水中盐度在0.2%以内。否则，会影响蟾蜍的胚胎发育。一般池塘、江河、水库等未被污染的水可用于蟾蜍孵化，但要注意保持水质不变坏。自来水含氯对受精卵有致死作用，不宜用于孵化。

3. 溶氧

蟾蜍的胚胎发育在水中进行，其呼吸作用是通过卵膜与周围的水体进行气体交换实现的。其耗氧量较大，并且随着胚胎的发育，耗氧量逐渐提高。蝌蚪在脱膜前，水中溶氧量一般应保持在3.4毫克/升以上；如果低于2毫克/升，胚胎就不能正常发育，甚至死亡。在蝌蚪孵出至鳃盖完成期以前，水中溶氧量应保持在5毫克/升以上。

4. 机械震荡

蟾蜍卵外面的胶质膜在充分吸水膨胀后变得稀薄，弹性很差，卵块容易黏结成团，卵块受搅拌、严重震荡等机械作用力都会使蟾蜍胚胎受损，内部结构移位，导致胚胎畸形或降低孵化率。因此，要小心操作，使卵和胚胎内部结构不致严重破坏，确保不引起发育异常。

5. 敌害生物

在孵化过程中的胚胎，易被野杂鱼、野蛙、水生昆虫等有害生物所吞食，因此应特别注意防范。

此外，蟾蜍胚胎发育过程中应使卵块浮于水中，防止其沉入水底，以确保胚胎发育所需的氧气和光照条件。

第四节　蟾蜍的人工催产与人工授精

当雌蟾需要抱对刺激其产卵时，雄蟾不与之抱对的情况下，可采用促性腺激素对雌蟾进行人工催产，然后人工授精。

一、人工催产

强壮的雌蟾卵子成熟后，因环境不适（如喧闹等），雄蟾不与之抱对时可进行人工催产。但生长发育不良及病弱的雌蟾产卵少，卵的孵化成绩差，孵出的蝌蚪成活率低，应及早淘汰，不宜作种蟾进行人工授精。

（一）催产药物

催产药物包括绒毛膜促性腺激素（HCG）、促黄体生成素释放激素类似物（LRH-A）、蟾脑垂体等。HCG 和 LRH-A 有商品出售。现介绍蟾蜍脑垂体摘取与蟾脑垂体注射液的制备方法。

（二）脑垂体提取液的制备

1. 雌性蟾蜍的选择

要选择体内卵子已经成熟的雌蟾，最好选择 3 年生雌蟾。成熟的卵粒比较大，动物极和植物极开始分化，动物极为黑色，约占 2/3，植物极为灰白色或白色。未成熟的卵，卵粒较小，两个半球黑白不分明。可将蟾蜍腹侧皮肤剪开一个小口，观察蟾卵是否成熟。雄蟾的脑垂体效力比雌蟾差。

2. 脑垂体的位置

蟾蜍的脑垂体位于脑的底部，即上颚后部，隐蔽于蝶骨的蝶鞍中，需要耐心细致才能摘取到完整的垂体。

3. 脑垂体的摘取与保存

用剪刀剪开蟾蜍的两侧口角，从口角后缘将蟾头剪下，蟾头剪断处露出一个骨孔，称为枕骨大孔；把蟾头的腹面翻转向上，将剪刀下半部的尖端伸入枕骨大孔，斜向眼球，左、右各剪一刀，用镊子翻起剪开的副蝶骨片，即可见到脑腹面的视神经交叉后面有一堆白色的东西，其中有一粒粉红色、约半粒芝麻大的颗粒，就是脑垂体。寻找脑垂体时要注意，脑垂体有时会黏附在翻起来的骨片上。用镊子小心取下整个脑垂体，取下的脑垂体要马上使用，也可放在冰箱中短期保存（温度保持在4℃左右可保存1个月），若存放于丙酮中，可保存1年以上。

4. 提取液的制备

取出所需数量的蟾脑垂体，放入盛有1～1.5毫升0.7%生理盐水的玻璃皿中。取注射器套上大号针头将脑垂体和水吸入注射器中，然后换上中号针头，把注射器内的水和脑垂体挤出，即可使脑垂体破碎；再把脑垂体碎片和水吸入，换上口径更小的针头，再挤出，如此反复多次，就制成了脑垂体混悬液，可供注射之用。这种方法制备脑垂体混悬液比较简便，如果用量大，也可用组织匀浆器研磨制备脑垂体提取液。

（三）药物使用剂量

药物使用剂量要根据蟾蜍的个体大小、性别及水温高低等具体情况灵活掌握。如被催产的雌蟾个体较大，催产时水温较低，所用的垂体取自雄蟾，且希望它尽快产卵，则脑垂体的用量多些；反之，则少些。一般雌蟾每千克体重需用蟾蜍（蟾蜍、青蛙等均可）的脑垂体6～8个，并加LRH-A 25微克或HCG 500～600国际单位。也可每千克体重单用LRH-A 30微克、HCG 1200国际单位或15～20个蟾脑垂体。注射药物用生理盐水或Ringer液（配制方法：氯化钠6.5克、氯化钾0.14克、氯化钙0.12克、碳酸氢钠0.20克、磷酸二氢钠0.01克、葡萄糖2.0克，溶于1000毫升蒸馏水中。随用随配）稀释，每只雌蟾的用药量稀释至1～1.5毫升。雄蟾一般不需要注射促性腺激素来促进精子的生成，因雄蟾精巢内常年存在着可供正常受精的成熟精子。但为了促进雌雄蟾的抱对，可给雄蟾注射相当于雌蟾1/2的剂量。

（四）注射

用注射器吸取脑垂体混悬液或促黄体生成素释放激素类似物药液，先排掉气泡，然后进行皮下注射或腹腔注射。腹腔注射时，不要刺得太深，以免刺伤内脏，最好是针头从大腿腹面的肌肉刺入，再伸向腹腔，这样一般不会刺伤内脏。同时，针尖拔出后，药液也不致从注射孔倒流出体外。注射完毕，把蟾蜍放在一个玻璃缸或其他容器里，加入少量清水，缸口罩以纱布，放置于僻静处。半小时后，若蟾蜍皮肤颜色变黑，即表明催产有效果。根据催产时的水温和脑垂体的用量，可估计其产卵的大概时间。待卵子全部进入子宫后，轻轻挤压雌蟾腹部两侧，卵会流出，也可以让其自行产出。注射促性腺激素的种蟾按1∶1的雌雄比例放在产卵池内，在28～30℃的水温下，人工催产后的亲蟾一般40小时左右，雌雄蟾开始抱对，雌蟾排卵、雄蟾排精，完成体外受精。采用这种人工催产和自然产卵受精的方法，受精率95%以上。如果在注射促性腺激素48小时后，仍不抱对排卵；挤压腹部，泄殖腔内也没有卵子流出，则需做第二次注射。由于药物的催产作用是累积的，所以第二次注射的剂量应比第一次适当减少。可取产出的卵进行人工授精。

二、人工授精

人工催产的雌蟾除让其与雄蟾抱对后产卵受精，也可以通过人工授精的方法，使成熟的卵子和精子结合，完成受精过程。

1. 精液的准备

将雄蟾杀死或麻醉后，用剪子和镊子剖开其腹部，取出精巢。将精巢轻轻地在滤纸上滚动，除掉粘在上面的血液和其他结缔组织。在经消毒的研钵或培养皿中把精巢剪碎，每对精巢加入 10～15 毫升生理盐水或 10% 的 Ringer 稀释液（切不可用 Ringer 原液），静置 10 分钟“激活”精子，即制成了精悬液。

2. 挤卵受精

人工授精一般在药物催产后 25～40 小时，通过挤压雌蟾腹部能顺利排出卵子时进行。挤卵的方法是抓住雌蟾，使其背部对着右手手心，手指部分刚好在前肢的后面圈住蟾体，然后用左手从蟾体前部开始轻压，并逐渐向泄殖腔方向移动，这样就可使卵从泄殖孔排出。将雌蟾的卵子挤入刚制备好的精悬液的器皿中。边挤卵，边摇动器皿或用羽毛等软物品轻轻搅拌，促使精子、卵子充分接触，提高受精机会。蟾蜍卵刚受精时，有些是动物极向上，有些是植物极向上，有些是侧面向上，没有一定规律。在水温 20℃时，授精后 10 分钟左右，绝大多数卵子的动物极翻转向上，培养皿中的水面呈现一片黑色，这种现象称为卵翻转正位，简称卵翻正。卵翻正与否，可作为是否受精的标志。卵翻正后，应倾去精液，换入新鲜清水，以提供充足的氧气，满足受精卵进一步发育的需要。此后，每天都要换水 1～2 次，直到孵化成小蝌蚪。据报道，当水温在 20～30℃时，受精率最高。低于 18℃、高于 32℃时，受精率都会降低。

第五节　蟾蜍的人工孵化

卵的孵化是指受精卵在一定环境条件下，从分裂开始到出膜成为蝌蚪的过程。不同的养殖规模，采取的孵化方法有所不同。大量孵化时，要在专门的孵化池或孵化箱中进行；小量孵量时，可在简易孵化池或水缸、瓷盆等容器中完成。

一、孵化设备

蟾蜍卵的孵化可建造专门的孵化池（见养殖池建造部分），也可在池塘等水体内设置孵化网箱或孵化框进行孵化。

1. 孵化网箱

用40目/厘米^{2}聚乙烯纱网，固定在网箱架上做成，其规格为(100～150)厘米×(70～100)厘米×(50～80)厘米。孵化前，先在箱内盛卵，然后将箱沉入适当水体中孵化，箱底入水深10～20厘米。

2. 孵化框

用1.5～2厘米厚的木板钉成30～40厘米高的框架，框底用40目/厘米^{2}聚乙烯纱网钉紧。孵化时盛卵浮于池中，入水深度10～15厘米。

二、孵化前的准备

孵化前首先清理孵化池内的杂物及淤泥，用清水冲洗干净后，对孵化池进行消毒处理，待毒性消失后，在池内注入经光照曝气的水，水底铺垫10厘米厚的沙，水深15～20厘米。池水要保持缓流状态，以保证水质清新、水位和水温（以18～24℃为宜）稳定。在孵化池内种养一些水草（如水花生、凤眼莲等），水草以不浮出水面为宜，为卵提供支撑，防止卵块下沉。对放置的水草用0.003％高锰酸钾溶液或市场上销售的能饮用的消毒水浸泡10分钟，以防带入病原微生物和寄生虫，消毒后用清水冲洗，然后放入池内。

三、收集和放养卵块

在蟾蜍产卵季节，应每天清晨、中午和傍晚各巡查一次种蟾池，发现卵块应立即转移至孵化设备内孵化。采卵时，操作人员应下水，先用剪刀把卵块周围连着卵块的水草轻轻剪断，用手轻轻拖动，将卵块和剪断的水草等附着物一起捧入脸盆、木盆、提桶等光滑器具（先装一浅层水）中。将卵块小心地搬运并放养在孵化设备内。如果卵带过大，容器较小，可将卵带用剪刀剪成小段。

用孵化池或其他容器孵化，一般按5000～10000枚/米^{2}孵化面积的密度放养卵块；若用网箱、网框孵化，可按10000～20000

枚/米^2 放养卵带，但在高温季节和初养时其密度稍低些为宜。

放养时应注意：手抓容易伤害蟾卵；蟾蜍受精卵的胶质膜柔软而黏性大，用网捞易黏附，既难取下又会伤害蟾卵。所以，收集和放养卵块时不能用手抓或用网捞取卵块，只能如前所述操作后用手捧。同天产的卵可放养在同一孵化设备内。不可将相隔 4～5 天的卵放在同一孵化设备内孵化，以免先孵出的蝌蚪吞食未孵出的胚胎。收集、搬运和倒卵时不能颠倒卵块的方向。受精卵的动物极（呈青黑色）朝上，植物极朝下（为乳白色）。倒卵时动作要轻。将盛卵的容器口靠近水面，轻轻将卵块倒入孵化设备内。切忌从高处（60 厘米以上）往下倒卵，否则易使卵块重叠、方向颠倒或使卵块粘上泥浆等，造成孵化率降低，甚至孵化失败。一旦在放卵时出现卵带重叠，应立即轻轻展开。

四、孵化管理

根据蟾蜍卵孵化过程要求的条件，要抓好如下管理：

1. 观察胚胎发育

蟾卵是否受精是孵化的先决条件，为此，在放卵前首先要检查蟾卵的受精情况。在 22℃条件下，卵入水 2 小时左右便可以区别开，一般受精卵油黄透明，未受精卵则发暗、浑浊不透明；12 小时后，受精卵中央黑点明显，未受精卵呈不透明的粉斑。其次要检查蟾卵有无污染。如果卵膜晶莹透明，说明蟾卵没有污染；如果卵带变成土黄色，卵胶膜粘一层泥沙，说明水质不清洁，蟾卵已经被污染，要改进灌水技术，排除污染的水，灌入新鲜干净的水。然后要检查有无沉水卵，尤其利用水池孵化时要特别注意检查沉水卵，如发现卵沉入池底，并粘连泥沙，呈土黄色，这证明出现沉水卵。要经常检查蟾卵孵化情况，检查蟾卵孵化速度是否整齐一致。在正常情况下，同一卵块发育速度基本一致，相差不多。最后要检查胚胎死亡情况，如果发现有较多的蟾卵停止发育，如同一卵块有的已经发育到尾芽期，有的则停留在神经阶段，说明停止发育的胚胎已经死亡。蟾蜍卵发育过程中死亡，多是低温冷害所致。出现蟾蜍胚胎死亡现象，要及时采取措施，保证正常孵化。另外，在干旱缺雨、气温高的天气里，空气干燥，漂浮水面的卵块表面的胶质膜水分蒸发，胶质膜变硬变脆，胚胎会因干燥而死亡。为避免胚胎干燥死亡，可用木板、捞网等工具将漂浮的卵块轻轻压入水中，使卵块表面浸水湿润。

2. 水质管理

要确保水源不受污染，水质清新，pH 值为 6.5～7.5，盐度低于 0.2%，水深保持在 15～20 厘米。应注意加强对孵化池换水管理，原则上应当尽量减少孵化池水更换速度，让水在池中贮存较长时间，使水温升高，促进蟾的孵化进程。一般的方法，孵化池灌足水之后再进行补充水。另一个需要注意的问题是灌入孵化池的水必须清洁，泥沙含量小，严防灌入泥沙含量大的浑浊水，水质浑浊会形成沉水卵。解决的办法是在孵化池前加一个沉淀池，经过沉淀之后的水泥沙含量小，再灌入孵化池会减少对蟾卵的污染。为确保水质清新和较高的溶氧量，宜采用微量流水孵化，但不得冲动卵子；若用静水孵化，要注意经常换水。如采用孵化框、孵化网箱孵化，其进水深度宜在 15～20 厘米之间。孵化期间禁止向孵化水源或水体施肥，以免造成水质污染。

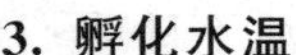

3. 孵化水温

水温宜控制在 18～24℃，最大温度范围为 10～30℃。在每年产卵季节早期早、晚温度低或遇寒潮侵袭时，应在孵化池上加塑料顶盖，防止温度骤降，有条件的单位可人工供暖、保温。如果在高温季节孵化，应在孵化池上方搭设遮阴棚，防止太阳直晒造成孵化池水温过高。

4. 孵化环境管理

在孵化过程中，要及时清除滞留杂物，随时捞出死卵，防止影响卵的正常孵化。孵化环境要安静、避风、向阳，但不要强光直射。孵化池周围不能养啄食禽类，并防止野禽等啄食卵块。也要防止鱼、蛙、水生昆虫等进入孵化设施，否则，蟾卵、蝌蚪会被其吞食。如有大雨，应事先用塑料薄膜遮盖孵化池，以防雨打散卵块，影响胚胎发育。如果采用孵化网箱或孵化框孵化，应加盖网盖，应用绳子将其上下左右加以固定，以防被风吹得左右晃动或沉没，既保证进水深度适宜，又防止卵块漂走或附着在网上。

5. 做好记录

孵化过程中应做好记录，以便积累经验。应记录孵化温度、入孵（产卵）时间、出孵时间、入孵卵数、受精卵数、孵化的蝌蚪数等。

五、出孵和出苗

蟾蜍胚胎发育至心跳期，胚胎即可孵化出膜，即孵化出蝌蚪，这一过程即出孵。刚孵出的蝌蚪全长 5～6.3 毫米，幼小体弱，以吸收卵黄囊内养分为生，并不会取食；游动能力差，主要依靠头部下方的马蹄形吸盘吸附在水草或其他物体上休息。因此，刚孵出的蝌蚪不宜转池，不需投喂饵料，不要搅动水体以便其休息。蝌蚪孵出 3～4 天后，两鳃盖完全形成即开始摄食，从此可每天投喂蛋黄（捏碎）或豆浆，也可喂单细胞藻类、草履虫等。为提高蝌蚪的成活率，蝌蚪在其孵出后的 10～15 天应暂养于孵化池。蝌蚪孵出 10～15 天后，即可转入蝌蚪池饲养或出售，出苗进入蝌蚪培育阶段。

第六节　蟾蜍蝌蚪的培育

蟾蜍蝌蚪的培育是指把刚孵化出膜的蝌蚪培育到变态形成幼蟾。蟾蜍蝌蚪营水生生活，具有一系列适应水生生活的器官，其食性和摄食习性以及对水温、水质、氧气等条件的要求与营水陆两栖生活的成体有所不同。因此，蝌蚪的饲养管理有很多方面不同于成体。蟾蜍蝌蚪的培育技术与同是营水生生活的鱼苗基本相似。蟾蜍蝌蚪培育的关键是：精心管理，为其生长发育创造适宜的生活环境；精心饲养，满足其生长发育对饵料的需要。其目的是培育出体质健壮的蝌蚪，并确保蝌蚪适时变态。

一、蝌蚪的发育与量度

（一）蟾蜍蝌蚪的发育

蟾卵从受精到发育成幼体——蝌蚪约经过4～5天。刚孵出的蝌蚪先以前端的吸盘附着在水草上，随后即能在水中自由游泳。蝌蚪以侧扁长尾作为运动器官，有与鱼类相似的侧线器官。头的两侧最初具有3对羽状外鳃，以后，外鳃消失，在外鳃的前方产生具有内鳃的鳃裂，被鳃盖褶包起，以一个鳃孔通体外，作为呼吸器官。蝌蚪从外形到内部结构都和鱼近似，没有四肢，用尾游泳，有侧线，用鳃呼吸，心脏只有一心房一心室，动脉弓为4对，血液循环为单循环。在蝌蚪期由前肾执行泌尿功能，前肾管作为输尿管，已具有雏形的生殖腺。蝌蚪主要吃植物性食物，如矽藻、绿藻等。其消化道呈螺旋状盘旋，长度约为体长的9倍，各部分的分化不明显。蝌蚪的上下颌具有角质结构，有齿的功能，另外在口的上下部皆有横列的细齿，其数目和排列方式随种类而异，是进行蝌蚪分类识别的一个依据（图4-9）。此外，口外缘具有多数小乳突，可能为味觉感受器。

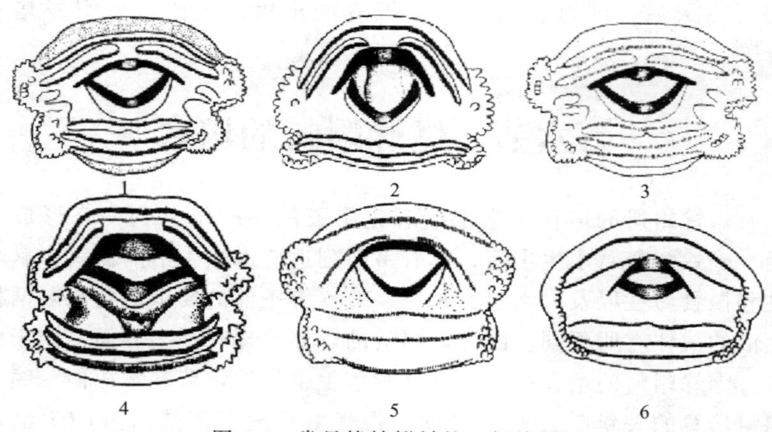

图4-9　常见蟾蜍蝌蚪的口部特征

1—中华大蟾蜍；2—黑眶蟾蜍；3—花背蟾蜍；4—西藏蟾蜍；5—史氏蟾蜍；6—塔里木蟾蜍

蝌蚪生长到一定程度，即开始变态。变态是蝌蚪内部与外部各器官由适应水栖转变为适应陆栖的深刻转变过程。大约孵化 30 天后，蝌蚪尾鳍基部、肛部两侧出现乳头状凸起，出现后肢芽，并逐渐长为后肢，形成股、胫、趾和蹼。孵化 60 天左右，前肢于鳃盖喷水孔伸出体外，逐渐长成前肢。前后肢成长的同时，蝌蚪尾部逐渐萎缩，最后趋于消失，成对的附肢代替了鳍。与此同时，口裂逐渐加深，鼓膜出现，最后口裂延伸至鼓膜下方，肉质舌也长成。内脏各器官以呼吸器官的改变为最早，当蝌蚪尚用鳃呼吸时，在咽部靠近食道处即生出两个盲囊向腹面突出而成为肺芽。肺芽逐渐扩大，形成左、右肺，其前面部分互相合并，形成气管。随着肺呼吸的出现，其循环系统也相应地由单循环变成不完全的双循环。变态后的幼蟾以动物性食物为食，消化道由原先呈螺旋状盘曲的肠管转变成为粗短的肠管（图 4-10），这时胃、肠的分化也趋于明显，但肠管的长度仅为体长的 2 倍。随着尾部的消失，蝌蚪的体长大为缩短。由孵化出蝌蚪到变态完成，大约需要 3 个月。由幼蟾到性成熟大约需时 3 年。

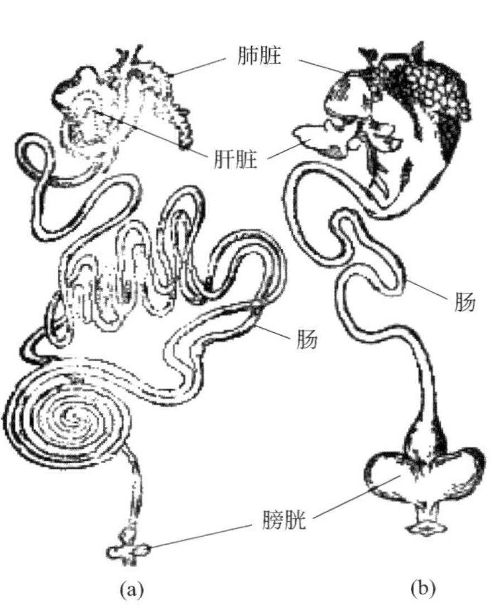

图 4-10　蝌蚪（a）与蟾蜍成体（b）的消化道比较

（二）蝌蚪的量度

蝌蚪外部量度在分类上有重要意义。在养殖过程中，定期进行蝌蚪的量度也是掌握蝌蚪发育状况，判断养殖效果的重要依据。

1. 蝌蚪体重的测量

测量蝌蚪体重时可用天平，先用一烧杯装约 200 毫升水，测其质量。再将蝌蚪从玻璃缸内捞出，滤干水后放入烧杯中，再测质量。两者相减，得出蝌蚪的体重。体重测量可与体长测量同时进行。

2. 蝌蚪的外部量度

蝌蚪的外部量度见图 4-11。

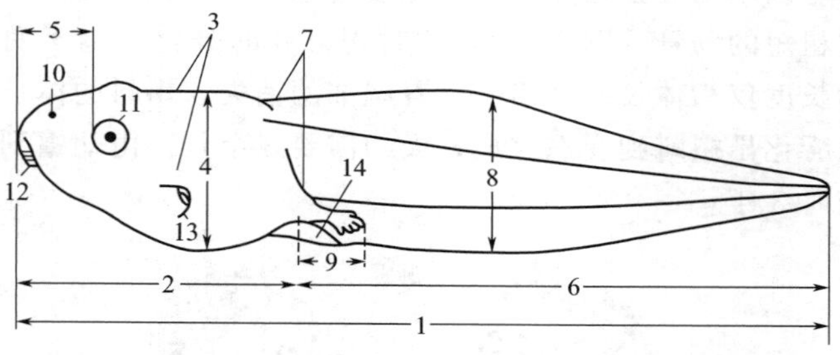

图 4-11　蝌蚪的外部量度

1—全长；2—头体长；3—体宽；4—体高；5—吻长；6—尾长；7—尾肌宽；8—尾高；9—后肢长；10—鼻孔；11—眼；12—口；13—出水孔；14—肛

（1）全长　自吻端至尾末端的长度。

（2）头体长　自吻端至肛的长度。

（3）体高　体背、腹面之间的最大高度。

（4）体宽　体两侧的最大宽度。

（5）吻长　自吻端至眼前角的长度。

（6）口宽　上、下唇左右会合处的最大宽度。

（7）尾肌宽　尾基部的最大直径。

（8）尾长　自肛管基部至尾末端的长度。

(9) 尾高　尾上、下缘之间的最大高度。

(10) 后肢或后肢芽长　自后肢（或后肢芽）基部至第四趾末端的长度。当后肢发育较为完全时，可仅测量跗足长。

二、蝌蚪放养前的准备

蝌蚪孵化出膜后的10～15天内幼小体弱，摄食能力弱（特别是在最初3～4天以卵黄作为营养，不摄取外界食物），对外界环境敏感，因此不宜转池培育，而应暂养在孵化池内。否则，会因为捕捞等操作而引起大量死亡。蝌蚪在孵化池内暂养10～15天后方可转入蝌蚪池饲养。

1. 蝌蚪的培育设施

培育蝌蚪可在蝌蚪池内进行。如果没有专用的蝌蚪池，可对幼蟾池、成蟾池和产卵池进行简单改造，使之基本符合蝌蚪池的要求，而用作蝌蚪池。

对于不具备各种规格和类型的养殖池的一些单位或农户，可采用网箱培育蝌蚪。网箱一般为长方体，底面积5～10米^2，深0.8～1米。网箱的支架用竹、木材料做成。网体由塑料（聚乙烯）网缝合而成。网目的大小随蝌蚪的日龄进行调整。10～30日龄的蝌蚪，用36～40目/厘米^{2}的网片；30日龄以后的蝌蚪，用16～36目/厘米^{2}的网片。采用网箱培育蝌蚪时，可将网箱安放在适合蝌蚪生长发育的水体中，网箱的入水深度宜为50～60厘米。网箱四周可用木桩或竹桩支撑，使箱体固定在一定水层之中，使网箱口露出水面，即固定式网箱。也可在网箱上安装浮子，利用浮子及框架的浮力使网箱随水浮动于一定水层，仅箱口部分露出水面，即浮动式网箱。浮动式网箱安放在面积较大的水体中时，宜用锚石使之锚定。利用网箱进行蝌蚪培育时，要注意防止敌害进入。特别是在网箱安放在蟾蜍养殖池内时，应在网箱上加网盖，以防蟾蜍进入吞食蝌蚪。蝌蚪变态成幼蟾之前，应在网箱口加箱盖或在出水网内壁衬一层塑料薄膜（高度达水面以上至少30厘米），以防幼蟾逃逸。

根据需要，应多建几个蝌蚪池或网箱，以便将不同期、不同大小的蝌蚪分别放养。

2. 蝌蚪池的清理

水泥建成的蝌蚪池在放养前4～5天，要用清水洗刷干净，在池底垫一层泥土，并在阳光下暴晒1～2天后注入新水，培肥水质。如是新建成的水泥池，应事先进行脱碱处理。土池应在蝌蚪放养前一个月将水排干，挑走淤泥，经日晒，以减少有害生物，然后在蝌蚪放养前5～7天清塘、消毒，目的是杀灭寄生虫、病原体和敌害生物等。

蝌蚪培育前期，因蝌蚪较小，池水不宜太深，30厘米即可。水浅则池水温度提高较快，有利于培肥水质和天然饵料的繁殖，对蝌蚪生长十分有利。经过一段时间的饲养以后，再逐渐加深池水。如果培育蝌蚪时以天然饵料为主，必须在注水的同时施肥。一般在蝌蚪放养前3～5天每亩施用腐熟粪肥300千克，或稻草400千克浸泡在池水中，就可培肥水质、增加浮游生物，让蝌蚪入池就能摄食到足够优质的适口饵料。

在蝌蚪放养前应对蝌蚪池和池水进行全面检查，为放养蝌蚪做最后的准备。检查池中是否藏有敌害生物，如蛇、鸟、鼠、青蛙、蟾蜍成体、野鱼等，一旦发现应及时清除。对于采用池塘培育蝌蚪，在放养蝌蚪前要用密网拉一次，以便清除野杂鱼和其他蛙类等。如果发现池水中有较多的大型枝角类浮游生物，可采用晶体敌百虫杀灭，用量为0.5克/米^{3}水体。

检查蝌蚪池的水质是否符合蝌蚪的要求，水温是否接近其暂养池（如孵化池等）的水温，若温差超过3℃，需调节水温使之逐渐接近，让蝌蚪逐渐适应，以免因温差太大而导致蝌蚪死亡。全面检查水质合格后，为稳妥起见，可在放养蝌蚪前试水。

此外，为了加强蝌蚪入池后的觅食能力，提高其成活率，在放养蝌蚪时宜喂饱，一般每3000尾蝌蚪喂一个蛋黄，捏碎后撒入暂养池（如孵化池）中。

三、蟾蜍蝌蚪的放养

在充分做好蝌蚪放养准备工作后，即可在蝌蚪池内放养蝌蚪。蝌蚪放养的关键是按蝌蚪的大小、强弱分级分池放养，根据具体情况确定适宜的放养密度。

1. 蝌蚪的质量鉴别

蝌蚪种苗按大小、强弱进行分群，以便分池放养。因为即使是同期产出的卵在同一孵化池孵化，但蝌蚪脱膜的早晚、生长的快慢会有差异，如不按大小、强弱进行分池饲养，会造成大欺小、强欺弱，甚至大蝌蚪吞食小蝌蚪。按发育阶段、身体大小、体质强弱将蝌蚪分池放养，既可以避免大吃小，又可做到同一池内的蝌蚪均衡生长。蟾蜍蝌蚪体质强弱可用如下方法鉴别：

（1）强者　规格整齐，体质健壮，无病无伤，色泽晶莹，头腹部圆大；在水体中，将水搅动产生漩涡时，能在漩涡边缘逆水游动；离水后剧烈挣扎；尾能弯曲。

（2）弱者　颜色淡，头腹部较狭长，在水中活动能力弱，随水卷入漩涡；离水后挣扎力弱；尾少许弯曲。

如果从外面购进蝌蚪种苗，除应注意其大小和强弱，更应判明是否是真正的蟾蜍蝌蚪。蟾蜍蝌蚪可根据体色、头部形状、口部特征、尾的大小及长短等与其他蛙类的蝌蚪区分开来。

2. 放养密度

蝌蚪放养密度通过影响水体的质量（特别是水中溶氧量）而对蝌蚪生长和成活产生影响。蝌蚪密度大，需要的饵料就多，需氧量大，容易导致水质污染、水中缺氧，从而使蝌蚪大批死亡。因此，根据饲养方式和饲养条件确定不同日龄蝌蚪的具体放养密度，关键要看水中溶氧量、饵料来源。一般来讲，10 日龄前每平方米水面放养 1000～2000 尾为宜，11～30 日龄为 300～1000 尾，30 日龄至变态成幼蟾之前为 100～300 尾。用水泥池培育蝌蚪，主要靠投喂人工饵料，换水条件好，管理方便，放养密度可大些；用土池培育蝌蚪，主要依靠天然饵料，管理不便，放养密度应小些。

在整个蝌蚪培育期间的管理工作中也应注意大小分池放养和适宜的放养密度这两个问题。蝌蚪从孵化出膜到培育成幼蟾，需要结合大小分池放养和扩池疏散密度，分养 2～3 次。第一次在 10～15 日龄，第二次在 30 日龄前后，第三次在 50～60 日龄。分养的目的是使蝌蚪的放养密度适当，避免大吃小，做到均衡生长。特别是最后一次分养时，大部分蝌蚪长出后肢，个别已长出前肢，根据后肢的长短和前肢长出与否进行分养，可成批获得不同规格的幼蟾。

四、蟾蜍蝌蚪的饲喂

刚孵化出膜的蝌蚪（在鳃盖完成期以前），以卵黄作为营养，不会摄食，所以不必投饵。出膜后 3～4 天，蝌蚪开始摄食。解决蟾蜍蝌蚪的饵料供应，一是直接培肥水体，增加浮游生物的数量；二是人工投饵。

1. 直接培肥水体

转入蝌蚪池中饲养的蝌蚪，主要采食浮游生物。培育水体，除要施足基肥外，还应根据水色及其透明度适当追肥，为蝌蚪提供充足的天然饵料。追肥时应遵循及时、均匀、少量多次的原则。追肥时可用各种腐熟、发酵的人畜粪肥，一般每 1～2 周每 100 吨池水放入 25～50 千克；或将适量无毒叶草类压入塘泥中沤肥。追肥宜选择晴天，在良好的溶氧条件下撒于池中。闷热天气不要施肥。

2. 人工投饵

蝌蚪 4～5 日龄即可开始投饵。人工投饵应根据蝌蚪的发育阶段、食性、摄食习性等进行。幼蝌蚪的消化能力较弱，开始时补饲一些易于消化的煮熟捏碎的蛋黄和煮沸过的豆浆等饵料，逐渐过渡到藻类、草履虫、豆渣、麦麸、米糠、切碎的植物嫩叶、蚕蛹、蝇蛆、水蚤、孑孓、蚯蚓等饵料。投喂给蟾蜍蝌蚪的干的饵料应粉碎成粉末状，新鲜动、植物饵料应切碎甚至打碎成浆状。随着蝌蚪食性的转变，投饵种类也应相应变化，从蝌蚪开始摄食到 7 日龄宜投喂易消化的蛋黄和豆浆，7～50日龄的蝌蚪以植物性饵料为主，50日龄以后以动物性饵料为主。蟾蜍蝌蚪有饥后暴食的习性，必须防止饵料突变引起消化不良而患肠胃病以至死亡，避免不必要的损失。因此，饵料种类和投饵量的变化应遵循循序渐变的原则。

投饵方式有全池匀洒、设置饵料台投饵两种。全池匀洒可使全池蝌蚪能就近吃到饵料，人工投喂培养的浮游生物或豆浆时常采用这种方式。全池匀洒难以根据蝌蚪的实际食饵量投喂，投喂过量常会使水质严重恶化。设置饵料台投饵既便于掌握蝌蚪的食饵量，又便于清除残余饵料，一般每2000～3000尾蝌蚪设置一个饵料台。饵料台面积约1米^2，安放在水面下约20厘米处（图4-12）。设置饵料台投饵时，根据蝌蚪大小、数量将适量的人工饵料投入饵料台上。如当天没有吃完，第二天一定要拣出，以免蝌蚪吃进变质饵料而患肠胃病。采用干粉类饵料投饵时应事先充分浸湿，否则蝌蚪会因饱食干饵料后，在消化道内发酵而产生气泡病。

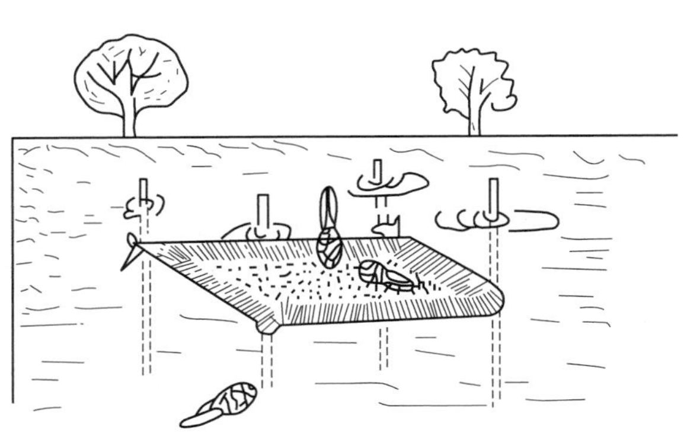

图4-12　蝌蚪饵料台

蟾蜍蝌蚪的投饵量应根据蝌蚪的日龄、体重、水温、水质情况进行适当调整。每天的投饵量一般为蝌蚪体重的7%～10%。每1万尾蝌蚪每日投饵量为：5～10日龄投入草履虫或其他浮游生物培养液15～25升或1～2个蛋黄捏碎后加水1～2千克制成的悬浮液；11～30日龄投入人工饵料0.4～2千克；30日龄以后投入人工饵料

2.1～12 千克。在水质较瘦、水温凉爽等情况下，可适当多投；在水温太高、水质肥、处于蝌蚪变态的高峰期（前肢长出、尾正萎缩消失期）中的某些时间时，投饵量可适当减少。水中浮游生物的数量多、处于 30 日龄以前的小蝌蚪期，可每天只投饵一次；反之，则应每天投饵两次。投饵一次在上午 8 时开始，10 时收回。投饵两次，除上午 8 时开始 10 时收回外，下午 15 时再投饵一次，17 时收回。收回时要检查蝌蚪的食饵情况，并及时加以调整。如投下的饵料很快就被吃完，就应酌量增加；如投下的饵料有剩余，则应减少投饵量。

五、蟾蜍蝌蚪的管理

1. 控制水温

水温是影响蝌蚪正常生长发育与变态的因素之一，适于蝌蚪生长发育的水温为 16～28℃，最适宜水温为 18～25℃。水温适宜，蝌蚪活动力强，采食量大，生长发育迅速，一般约 60～90 天即可由蝌蚪变态为幼蟾。蟾蜍在蝌蚪期对高温不能适应，当水温达到 35℃时，蝌蚪活动力减弱，摄食量减少，体弱或日龄小的蝌蚪会有零星死亡；37～38℃时会有轻度死亡；39℃时则发生严重死亡；40℃以上可导致全部死亡。因此，在盛夏高温季节必须采取措施控制水温升高，如在蝌蚪池上方搭凉棚，在池周种植树冠发达的乔木以防止阳光直射，在池内或网箱内种植浮萍或水葫芦，勤换新水（上午 10 时和下午 16 时各换一次水，不要在正午时换水，以免蝌蚪池水温波动太大）等。较低的水温会使蝌蚪的生长发育减慢，在气温较低季节培育蝌蚪时，可用塑料薄膜温室或利用锅炉热水等办法增温，如遇寒潮侵袭可增加水深度来减小降温幅度。总之，要保持水温在正常范围，以保证蝌蚪的良好发育。

2. 调节水质

水质的好坏直接影响蝌蚪的生长发育与成活。要保证池水中有足够的溶氧，水中溶氧量需保持在 3.5 毫克/升以上，10 日龄以内的蝌蚪最好不低于3.8毫克/升，30日龄以上的蝌蚪在溶氧量为1.5毫克/升的水体中也可存活。水体要求中性，pH值在6.5～7.5之间，水中盐度低于0.2%，水体的肥度适度。

（1）溶氧量　蝌蚪池水中溶氧量以每天的黎明时为最低。闷热的阴天、水体过肥及蝌蚪的放养密度过大，都会使水中溶氧量大为降低。因此，宜在每天黎明及闷热的阴天观察池水是否缺氧。如果蝌蚪浮头，可初步断定水体中缺氧。水体中缺氧时，除及时换水、控制施肥和蝌蚪的放养密度外，必要时使用水中增氧剂（如鱼浮灵粉），可起到良好的增氧效果。

（2）pH值　水体过碱或过酸，除由于工业污染外，在实际养殖中多是由施用的有机肥、吃剩的饵料、蝌蚪的排泄物等在水中发酵产生有机酸，以及蝌蚪排出的酸性代谢物等引起。因此，控制水体适宜的pH值，先要确保水源未被污染，注意合理施肥，经常换水，必要时可用药物与有害成分发生酸碱中和反应。水体过碱可施加适量的碳酸、醋酸等酸性物质来降低pH值。水体过酸可施用适量石灰水。但要注意药物用量不能过度，否则，会使pH值超出蝌蚪的正常需要。

（3）盐度　一般来说，水中盐度主要取决于水源。只要水源的盐度符合要求，注意肥、药的适宜用量，并适当换水，水中盐度基本能符合蝌蚪生长发育的要求。

（4）水质肥瘦　水质的肥与瘦可直接影响蝌蚪的生长与变态。一般水体越肥，水中浮游生物就越多，可供蝌蚪取食的食物就越丰富。但水体太肥，水质容易变坏，水中溶氧量较低，有机质厌氧发酵产生硫化氢、甲烷等有害气体，容易使蝌蚪受伤害以至死亡。水质偏瘦，固然利于增加水中溶氧量，但蝌蚪可取食的浮游生物较少。水质的肥瘦、好坏可根据水色估测（表4-4）。一般池水透明层25～30厘米，表示水质肥度适当，生物饵料丰富。透明度过高表示水清、食物少；水色呈草绿色、黄绿色、浅灰色、青褐色或茶褐色都是好水；灰褐色、蓝色或灰黄色等的水为坏水，是水质恶化的表现，不适于培育蝌蚪。

表 4-4 水质判断

水质	水色	浮游生物	现象及原因
坏水	蓝色、灰褐色、灰黄色或橙色、黄色	蓝藻密度较大	水质过浓、混浊，池边有悬浮泡沫
	淡红色	浮游生物较多，植物较少	溶氧量较小，水体呈缕团状
	灰白色或黑褐色	浮游生物出现死亡，植物以隐藻为主，蓝藻、裸藻次之	腐殖质过多，水质恶化；施有机肥太多或水质老化
好水	草绿色或黄绿色	植物以裸藻、衣藻、扁藻、硅藻为主，绿藻次之	水质清新或有同色浮膜，施肥适度
	浅灰色、青褐色	起初植物较少，当细菌大量繁殖后又能增加，水中浮游动物数量均衡	有机肥用量适度，水质清新，腐殖质较多
	茶褐色	植物以硅藻、隐藻为主，甲藻、蓝藻、褐藻次之	使用的高效有机肥适量，水中腐殖质较多

(5) 换水　蝌蚪池可经常性保持微量的水注入和流出。具体的换水时间间隔，应以确保水质不致恶化、适于蝌蚪生长发育为原则，根据温度、蝌蚪放养密度、水质肥度等具体情况而定。一般在春、秋季节每周换一次水；夏季 2～4 天换一次水；冬季水温低，可 15～30 天换一次水。换水宜选择晴朗天气，一般在上午 7～8 时或下午 16～17 时为宜，换水量一般为 1/4～1/2。换水水温，春、夏、秋三季宜低于原池水温 0.5～1℃，冬季宜高于原池水温 0.5～1℃。当发现水质过肥、污染变质等情况时，要及时换水。换水时要注意换水速度，确保水温不致剧烈波动，以减少对蝌蚪的不利影响。

3. 控制水位

水位应根据蝌蚪日龄和天气情况进行控制。一般养小蝌蚪或气温较低时，水位宜低些；相反则应高些。但当寒潮来临时，为避免温度骤降，即便是养小蝌蚪，也宜适当增高水位。一般水深保持 30～60 厘米即可。

4. 定期巡池

每天早晨、中午、傍晚巡视一次。巡池时，密切观察有无蛇、鼠、蛙类（含蟾蜍）成体、杂鱼等侵入，发现后立即将其驱除或消灭，并记录气温、水温、水质等状况。每天黎明蝌蚪多在水面浮头，到日出后（约上午 8 时）仍浮头，则说明水中缺氧、水质恶化，必须立即换水或开增氧机增加水中溶氧量，或施用增氧剂——鱼浮灵粉。如蝌蚪在水中游动不活跃，则是病态表现。每次投饵时还应注意蝌蚪的吃食情况。饵料台上吃剩的饵料要及时清除，饵料台要经常洗刷、消毒，以免其传染疾病和其上的饵料腐烂发酵而污染池水。采用网箱培育蝌蚪时，每天要仔细检查网衣是否有破损、网眼是否被藻类等堵塞。发现网衣有洞、隙时应及时缝补；网眼有杂物堵塞时应及时清除。刮大风时应注意用木桩加固网，防止被风刮走、吹倒。发现水面有漂浮杂物、死蝌蚪等，要及时捞出。

5. 及时促进登陆

蝌蚪在前肢长出以后，鳃的呼吸功能逐步退化，肺的结构和功能逐渐完善。此时蝌蚪无法长期生活在水中，而需要经常露出水面或登上陆地呼吸新鲜空气以维持生命代谢需要。在此期间，是蝌蚪管理上的危险期，管理上的任何疏忽，都可造成大量死亡。因此，在此阶段，要及时给予登陆条件，促使其登陆。一是将蝌蚪池水深由 30～60 厘米降至 20～30 厘米，暴露一部分池边滩地供其登陆；二是向蝌蚪池中放一些木板、塑料泡沫板等水上漂浮物，使变态的蝌蚪可离水登上木板或塑料泡沫板呼吸新鲜空气；三是将树条一边放到池中，一边搭在池边，搭引桥，使变态的幼蟾通过引桥爬到陆地上。幼蟾登陆上岸后栖息的地方要有杂草，还要经常喷水，使地面保持潮湿。刚变态的幼蟾体质很弱，皮肤薄嫩，很怕日晒与干燥。如不及时采取相应措施，刚变态的幼蟾死亡率很高。

六、变态及其控制

蟾蜍蝌蚪经一段时间的生长发育，由蝌蚪变为成体，这一过程称为变态。蝌蚪变态受季节、气候、水温、水质、饵料、放养密度及其本身生理状态等条件影响。一般温度高、营养状况好，则变态快；反之则较慢。在我国各地自然条件下，3～4 月间孵化出的蝌蚪约需 90 天才变态；5～6 月孵化出的蝌蚪，只需 70～80 天便可变态成幼蟾；7 月中旬以后孵化出的蝌蚪，经 2 个月左右变态为幼蟾。7 月中旬及以后孵化的蝌蚪，生长期不足 100 天即进入冬眠，其幼蟾体小、体内贮积的脂肪体少，冬眠期易死亡，难于安全越冬。在生产上，避免 7 月中旬以后孵出的蝌蚪变态进入冬眠，是降低蝌蚪群体死亡率，提高蟾蜍成活率的有效措施。

对于在各地自然条件下，5～6 月及 7 月上旬孵化出的蝌蚪，应精心培育，使之在秋末以前变态，让幼蟾有一段生长、摄食并在体内贮积脂肪的时间，以便安全越冬。而 7 月中下旬以后孵化出的蝌蚪则应尽量控制其变态，让其以蝌蚪形式越冬。

控制蝌蚪推迟变态的主要措施：一是适当增加植物性饵料的投喂比例，相应减少动物性饵料的用量，同时要适当降低投喂量；二是经常向蝌蚪池内注入井水，以降低水温；三是适当增加放养密度；四是注射适量促乳素可起推迟变态的作用。

七、蝌蚪的运输

蝌蚪的运输是蝌蚪培育生产中一项经常进行而且重要的工作，尤其是长途运输，对蝌蚪的成活率影响较大。

1. 运输前的工作

蝌蚪装运前，要先集中到水质清新的池中暂养 1～2 天，并停止喂食，让蝌蚪体表的黏液和粪便排泄干净，以减少运输途中对水的污染。运输用水最好是原来养殖的池水或河水，且要多装载几桶，随车备用。运输前，要检修好交通工具、装载用具。培育池中的蝌蚪平时习惯于在水面宽广、溶氧量高的环境中生活，如将蝌蚪立即装运，蝌蚪会因不适应密集的运输环境而大量死亡。因此，装运前要在不投喂、高密度的养殖池中锻炼 1 天以上，增强蝌蚪的适应能力后，才起捞装运。

2. 装运工具

常用于装载蝌蚪的工具有桶、袋、壶、箱、篓等，制作材料采用木质、金属、塑料、尼龙或帆布都可以。装运工具要求大小适中。桶多采用木质、铝、白铁、塑料等制成，多制成直径 30 厘米左右、高 30～40 厘米的圆桶，适宜于短途用人力肩挑运输。塑料壶一般选用容积为 25 升，具有不易破裂、便于搬运、节省人力、运输中蝌蚪不会随水溅出、使用寿命长等优点，且适用于各种车辆、船只、飞机等载运；但塑料壶加密封盖，若运输时间太长，水质易变坏，如注意装运技术，蝌蚪的成活率高。塑料袋较适宜的规格为 80 厘米×40 厘米，容积 20 升，塑料袋上端设漏斗状口，用于入水和放入蝌蚪；运输时塑料袋宜装在纸箱或木箱内，以免受损破裂。帆布桶由帆布袋与支撑架组成，可根据运输工具做成各种形状，体积可大可小；帆布桶装载量大，轻便，可折叠，经久耐用，适于短途大量运输。

3. 装运方法

蝌蚪的运输应根据装运蝌蚪的规格和数量、距离的远近、交通条件、运输费用及确保较高的成活率等因素，确定装运用具、包装方法和运输方法。

（1）用桶装运　桶和帆布桶适合于汽车、拖拉机、船只等短途运输。装水量一般为桶容积的 1/3～2/5，装运密度、装运量为每千克水放 1/5～1 厘米大小的蝌蚪约 100 尾、2～3 厘米大小的蝌蚪 50～60 尾、4～5 厘米大小的蝌蚪 25～30 尾。蝌蚪装好后用聚乙烯网布扎住桶口。运输时，车、船行驶应平稳，切忌剧烈颠簸。如溅出水过多（少于容器容积的 1/3），应及时补加水。运输途中每隔 5～6 小时换一次水，及时捞去伤亡的蝌蚪，保持适宜的水温。

（2）用塑料壶装运　塑料壶适于车、船运输蝌蚪。运输前，先用清水将塑料壶洗净，检查有无漏水现象。然后先装清水至 1/3 处，在壶口处放一大型漏斗，将蝌蚪带水从漏斗装入。每桶装蝌蚪的数量，在 15～25℃的水温时，装入 1～1.5 厘米的蝌蚪 1 万尾，1.5～2 厘米的蝌蚪 0.8 万尾，2～3 厘米的蝌蚪 0.5 万尾，5～6 厘米的蝌蚪 0.1 万尾。然后加水至壶的 2/3 处。最后将壶口用聚乙烯纱网封口，以防蝌蚪随水荡出。运输过程中要每隔 4～5 小时换一次水。所换水的水质必须符合要求，并要注意水温的控制。

（3）用塑料袋充氧装运　先检查塑料袋是否漏气、漏水，然后带水加入蝌蚪。装运的适宜密度按袋内盛水占总袋容积的 1/3～1/2 计算，充氧前先将袋内空气挤出，然后立即充进压缩纯氧气。充氧以袋稍膨胀而松软为度，不能充得胀紧，以免因温度升高和剧烈震荡时胀破塑料袋。充氧结束时将袋口扎紧，用线绳严密封口，不能漏水漏气。长途运输时要经常检查有无漏水或漏气的地方，发现漏洞可在重新补水和充氧气后，用线绳捆扎或胶布粘贴。若能在 20 小时内到达目的地，途中可不换水充氧。

4. 运输蝌蚪的注意事项

（1）注意控制水质　一般适宜的运输温度为 15～25℃。运输过程中切忌水温剧变，否则会引起蝌蚪死亡。水温过高时，可采用换凉水或加冰块等办法来降温。应注意，蝌蚪池水温与包装工具箱温度之差不超过 2～3℃。要求水质清新，水中溶氧量不得低于 1 毫克/升。如果用自来水应注意除掉水中余氯。此外，注意装运密度不宜过大、运输时间和距离不宜过长，否则应注意换水或及时施用速效增氧剂，也可加进压缩纯氧气后密封包装工具。

（2）蝌蚪适宜运输的日龄　蝌蚪的运输最好选择 20～50 日龄的中型蝌蚪。蝌蚪太小，则生命力较弱；50 日龄以后的大蝌蚪因长出前肢，鳃孔逐渐闭合，肺呼吸机制尚没有启用，运输中易因缺氧而死亡。在蝌蚪的捕捞和运输中应小心操作，不要使蝌蚪体表出现外伤，否则会诱发某些疾病。运输时应选择健壮和抗病力强的蝌蚪作长途运输。小规格即体长在 2 厘米以下的蝌蚪，不宜作长途运输；4～5 厘米长的蝌蚪最适宜作长途运输。要求同一桶内的蝌蚪规格基本一致。

（3）选择适宜的季节运输　春末夏初和秋天，气候凉爽，是运输蝌蚪的适宜季节。夏季天气炎热，宜选择阴雨天和夜间运输，避开高温时段。同时要求有遮阴设备，避免阳光直接照射。气温高于

30℃或低于8℃时，一般不宜作长途运输。

（4）仔细观察　运输时，要经常观察蝌蚪的活动情况，发现蝌蚪浮在水面而不肯下沉时，说明溶氧不足，应立即换水或充氧，捞出死亡和孱弱蝌蚪。

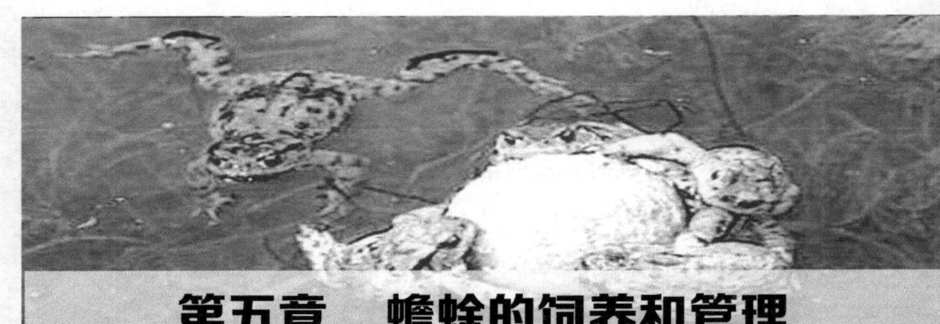

第五章　蟾蜍的饲养和管理

蟾蜍蝌蚪在蝌蚪池完成变态并开始登陆活动，即标志着蟾蜍的生长发育进入了成体阶段。成体阶段的蟾蜍在饲养和管理中，一般分为幼蟾和成蟾。幼蟾是指蝌蚪完成变态（脱尾）后，性腺尚未成熟的蟾蜍；成蟾也叫壮蟾，是指达到性成熟的蟾蜍。幼蟾和成蟾可采用专用养殖池进行人工投饵精养，也可利用稻田、水陆林地（加设防逃设施）进行半野生放养，还可在长有挺水植物（如芦苇、莲藕）和浮水植物的中小型湖泊中进行野生流放，农户还可利用庭院进行自繁自养。其中，人工投饵精养除在专用养殖池内进行外，也可采用网箱养殖。

第一节　幼蟾的饲养和管理

刚完成变态的幼蟾，体内已无营养贮存，体质瘦弱，摄食能力较弱，生长较慢，对环境适应能力较差，尤其对寒冷抵抗能力差。这是蟾蜍养殖过程中最困难、最关键的阶段。此时期饲养管理得当，不仅幼蟾生长健壮，而且为幼蟾的迅速生长打下良好的基础。生长良好的幼蟾，可作为培育种蟾的良好基础，缩短蟾蜍养殖周期，提高蟾酥产量，从而提高经济效益。

一、放养前的准备工作

新建的水泥幼蟾池应进行脱碱处理。池塘改作幼蟾池，则应清除幼蟾的各种敌害，并清塘消毒。使用多年的养蟾池由于大量投饵及蟾蜍生活，池中有大量淤泥和病原体，因此在放养幼蟾前应清塘消毒，即排水后将过多的淤泥挖出，用生石灰、漂白粉或茶粕等消毒。在放养幼蟾前，池内要种养水草，以供幼蟾水中栖息。

二、蟾蜍的放养

幼蟾的放养必须把握以下两个关键环节：

1. 根据大小分类、分池放养

有条件的单位应修建多个隔离的幼蟾池，以便根据幼蟾的大小分类、分池放养。同样大小的幼蟾放养在同一养殖池，由于生长速度的差异，经过一段时间会表现出个体大小的明显不同。因此，幼蟾饲养过程中要时常加以分类调整，力求同一养殖池内的幼蟾个体大小均匀，避免自相残害。条件不具备的单位，可采用隔离网箱分类放养。如果大小不一的幼蟾在同一池内放养，应加强管理，保持适宜的放养密度，并保证饵料的供应，以遏制强欺弱现象的发生。

2. 适宜的放养密度

刚变态的幼蟾，大部分时间仍在水中或水周围活动，所以其放养密度仍以水面积计算。幼蟾的放养密度应根据个体大小而定，一般每平方米放养刚变态的幼蟾 100～150 只；30 日龄后的幼蟾，每平方米放养 80～100 只；50 日龄的幼蟾每平方米放养 60～80 只；50 日龄以上的幼蟾，每平方米放养 30～40 只。放养幼蟾的具体密度，还应考虑天气情况。一般来说，天气炎热季节比凉爽季节的放养密度宜小。放养时，要将幼蟾放在池边，让其自行爬入水体，不能倾倒，以免伤亡。

三、食性驯化

蟾蜍养殖的成败，主要取决于饵料能否得到很好的解决。蟾蜍素以活饵料为食，而对死饵料不敏感。如仅以种苗繁殖为主，可以用灯光诱虫，培养蝇蛆、蚯蚓或捞取小杂鱼等方法来解决种蟾的饵料。活饵料的生产季节性较强，大批饲养蟾蜍时，活饵料的生产很难满足需要。所以饲养幼蟾时，要训练其采食静饵——人工配合饵料或死的动物性饵料，对幼蟾进行食性驯化的目的是使其改变只捕食活动动物的习性，而能摄食静饵。食性驯化时，除营养要全面充足外，最重要的是饵料形状和饵料的动感。驯化幼蟾食性的方法很多，基本上是利用幼蟾生来就吃活饵、视觉对活动的物体敏感的习性，采用水流、机械力带动等各种方法使死饵产生动感，让幼蟾吃死饵，并定时、定点进行这种投饵刺激，从而养成蟾蜍吃死饵的习惯。根据这一原理，可以因地制宜地设计出对幼蟾进行食性驯化的有效方法。

1. 食性驯化的方法

幼蟾体重达15～20克左右即可开始食性驯化，驯化池以水泥池为好，面积一般在3～5米^2，每平方米放养幼蟾200只。驯化池水深控制在10厘米左右，以幼蟾后腿不能着底为度。池中置一饵料台，为木制方框，以筛绢布拉紧成底。水深时饵料台浮于水面，水浅时则落于实处，框底不要留有空隙，以免幼蟾钻入框底窒息。除饵料台外，池中不要有可供幼蟾休息的陆地或悬浮物。

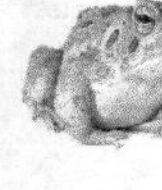

(1) 活饵诱食驯化法　驯化时选取大小合适的小活杂鱼或家鱼苗（体长2厘米以内）放入饵料台，饵料台底的筛绢布浸水少许，水的深度以既使小鱼不会很快死去，又不能自由游动，只能横卧蹦跳为度（大约2厘米）。由于小鱼的跳动，很快引诱幼蟾趋向饵料台摄食。小鱼投喂1～2天后，可将鸡鸭鱼肉剪成长条形（大小以蟾蜍能吞食为度），混在活鱼中投喂，小活杂鱼在饵料台内蹦跳带动肉条等，幼蟾以为都是活饵而将其吃掉。吃惯后不放小活杂鱼，幼蟾也会进入饵料台取食。以后小活杂鱼逐渐减少（每天减少1/10左右），死饵逐渐增加（每天增加1/10左右），5～7天后，加入长条形的人工配合饵料，每次加入人工配合饵料量为死饵的1/5，以至全部投喂死饵或全部投以人工配合饵料。也可用蝇蛆、黄粉虫幼虫、蚯蚓作为活饵引诱，但要注意饵料台底最好紧贴水面而不要进水。为增进引诱效果，可手握一根钓竿，钓线下端绑上动物肉或内脏，每天定时在饵料台附近水面上左右移动，以引诱蟾蜍争食。

随着幼蟾的生长，引诱其采食死饵的活饵也可采用泥鳅、虾及体形稍大的小杂鱼。

（2）机械驯化法　如无活饵，可在饵料台上方安装一条水管，让水一滴一滴地滴在饵料台中，水的振动使台中死饵随之而动，幼蟾误认为是活饵而群起抢食。形成习惯后不滴水，幼蟾也会进入饵料台采食。

（3）投喂蚕蛹法　将蚕蛹放在温水中泡软。在幼蟾池边架设一块斜放的木板，伸入池中，往木板上端投放蚕蛹，使蚕蛹能沿木板缓缓滚入池水中，引诱幼蟾捕食。起初幼蟾不敢摄食，经多次投喂后，幼蟾逐渐适应，开始摄食，习惯后甚至跃上木板抢食。

（4）颗粒饵料直接投喂法　人工配合饵料需制成适于幼蟾的颗粒状。软颗粒饵料的投喂需饵料台，将颗粒饵料慢慢扔到饵料台的塑料纱底上（不进水），颗粒饵料落下弹起，可引诱幼蟾摄食。这种方法投饵慢而费时。浮性的膨化颗粒饵料可不用饵料台，投喂时先将驯化池水降低到池底浅处刚好露出水面，而深处幼蟾后腿仍不能着底，幼蟾都在浅水处休息，将颗粒撒在浅水处，由于蟾蜍的跳动等造成水面波动，浮于水面的膨化颗粒饵料也随之波动，引诱幼蟾摄食。此外，可将饵料台建成一定坡度，幼蟾捕食活饵时的跳动，可使死饵滑动，从而被其他幼蟾采食。或将饵料台用绳索悬吊而可活动，当蟾蜍跳动时，饵料台和死饵也随之摆动或振动，死饵被当作活饵取食。可结合黑光灯诱虫在其下设有坡度或活动的饵料台，当幼蟾捕食昆虫时，造成死饵的动感而被采食。

（5）相互引诱法　用颗粒饵料投喂一段时间后，可将驯化池中个体较大的蟾蜍移向别池饲养，留下个体较小并已习惯摄食颗粒饵料的幼蟾，再把未驯化的幼蟾放入驯化池。投喂颗粒饵料时，已驯化幼蟾的摄食，可刺激和带动未驯化的幼蟾摄食。每次留下的已驯化的幼蟾最好不要少于未驯化蟾蜍的 1/5。

（6）填喂法　需要时可尝试给幼蟾填喂死饵。操作时一人一手握住蟾蜍大腿，另一手扳开蟾嘴；另一人用食指和中指，将饵料填入蟾嘴，填完后用手捏住蟾的上、下腭，稍停片刻后放开。扳蟾嘴时不能用力过猛，以免使蟾蜍的上腭骨或下腭骨折断。填喂时蟾蜍会将填入的饵料吐出，对这种蟾要反复填喂 2～3 次，使之不再吐食。

2. 食性驯化应注意的问题

驯化幼蟾食性的关键是制造死饵的动感。具体方法很多，读者可根据实际情况选用或自行设计。但无论采用什么方法，为取得良好效果，必须重视以下事项：

（1）及早驯食　幼蟾食性驯化的开始时间要依实际情况而定，如果直接在蝌蚪池饲养幼蟾，待其完全变态，有 3～5 天的陆栖生活时间后，即可开始食性驯化，这样容易建立起条件反射，食性驯化成功率高。如果将幼蟾由蝌蚪池转到幼蟾饲养池，则要有一段适应新环境的时间（5～7 天），期间要投喂充足的活饵料，增加摄食量，提高抵抗力，然后进行食性驯化。否则，开始驯化的时期越晚，幼蟾食性驯化越困难，成功率越低。

（2）最好采用专门的驯化池　驯化池不宜过大，池中除饵料台外不应有任何可供休息的陆地或悬浮物。这样迫使幼蟾只能到饵料台上休息，有利于食性驯化。池底要有一定坡度，使池底浅水处刚好露出水面，而深水处幼蟾后腿仍不能着底。

（3）循序渐进，少量多次　驯食时应由只投喂活饵改为以活饵为主，并适当配合死饵。随着驯食的进行，逐步减小活饵投喂比例而相应增大死饵投喂比例。一个蟾群全部通过驯化，一般需 15 天以上。这是一个自然过程，不能强行加快。一般而言，刚变态的幼蟾宜多投喂活饵，然后逐渐减少活饵的投喂而相应增加死饵的投喂，让幼蟾逐渐适应采食死饵。1 月龄幼蟾，活饵与死饵的投喂比例为 2∶1；1.5 月龄，活饵与死饵各一半；2 月龄，活饵与死饵的投喂比例为 1∶2；2.5 月龄后可全部投喂死饵。一般雄蟾胆大驯化快，雌蟾胆小而驯化慢；体壮的个体驯化快，体弱的个体驯化慢。

（4）持之以恒　幼蟾对驯食的记忆不牢固，摄食死饵仅仅是一种条件反射。为巩固驯食成果，对通过驯化的幼蟾应坚持在固定时间和地点投喂死饵。

（5）驯食应定时、定位、定质、定量　定时、定位、定质、定量可以驯化幼蟾在一定时间到固定位置（饵料台）摄食。食性驯化时，适当增加养殖密度，增强竞食性。一般每日投喂 2 次，分别为早 7～8 时和晚 18～19 时，间隔 10 个小时左右。每日投料量为体重的 8%左右，前期配合饵料少，活饵料多，每日投料量可占体重的 8%～10%；后期以配合饵料为主，每日投料量可占体重的 7%～8%。投喂后，要观察饵料的剩余量，根据剩余多少，减少或增加投饵量，一般以 2 小时采食完毕为宜。

（6）分群驯化　驯食时，也要分级、分群，防止大小、强弱不均造成争食、不食或饥饿，甚至相互残伤。驯食要循序渐进，少量多次，死饵或人工配合饵料的比例由少到多，不可操之过急，造成不食、饥饿或死亡。

（7）保证水质清新　池水以缓流池水为最佳，保证水质清新。如果不是缓流水，要经常换水，并及时清除剩余饵料及杂物，防止其腐败影响水质。定期消毒或换水。

四、蟾蜍的投饵

昆虫是幼蟾理想的饵料，可利用昆虫的一些习性将昆虫诱集于幼蟾活动、栖息的场所，供幼蟾捕食。规模养殖蟾蜍时，诱集昆虫仅仅是蟾蜍饵料的一个补充途径，蟾蜍的饵料供应主要依靠人工投饵。

刚变态的幼蟾，饵料以活的蝇蛆、黄粉虫幼虫、蚯蚓、小鱼苗、小虾类等小型动物为宜。幼蟾长到 15～20 克时，便可投喂小杂鱼、虾和个体较大的蚯蚓等活的动物。随着幼蟾的生长，投喂的活动物体形也可大些，如可投喂泥鳅等。经过食性驯化的幼蟾，也可摄食死饵料，如动物内脏、肉及人工配合饵料。

投饵量依幼蟾个体的大小、温度的高低、饵料的种类等不同而改变，以每次投入的饵料吃完为宜。一般，每日投饵量为蟾蜍体重的 10%左右，不超过 15%。通常气温在 20～26℃，蟾蜍摄食多，18℃以下及 28℃以上摄食会减少。如采用人工配合饵料或干燥饵料，则应根据其营养价值降低投饵比例，一般在5%左右。

幼蟾饵料的投喂要坚持“四定”原则，即定位、定质、定量、定时。

五、蟾蜍的管理

幼蟾营水陆两栖生活，因此其养殖场地要有植物丛生的潮湿陆地环境及水面环境。幼蟾的生活习性有别于蝌蚪，在管理上也应有所区别。

1. 避免阳光直射

幼蟾体质比较弱，惧怕日晒和高温干燥。将幼蟾放在高温干燥的空气中暴晒0.5小时即会致死。致死原因一是高热，二是严重脱水。遮阴棚一般用芦苇席、珠帘搭制，面积比饵料台大1倍左右，高度以高出饵料台平面0.5～1.0米即可。也可用黑色稀编的塑料网片架设在幼蟾池上方1.0～1.5米处遮阴，遮挡60%的阳光，既降温，又通气，效果较为理想。此外，在幼蟾池边种植葡萄、丝瓜、扁豆等长藤植物，在离幼蟾池水面1.5～2.0米高度搭建竹、木架，既为幼蟾遮阴，又有收获。

2. 控制水温

幼蟾生长发育的适宜水温为23～30℃。温度高于30℃或低于12℃，蟾蜍即会产生不适，食欲减退，生长停滞。严重的会被热死或冻死。盛夏季节降温措施通常是使幼蟾池池水保持缓慢流动或部分换水。一般每隔1～2天换一次水，每次换5～10厘米深的水量。

3. 控制水质

幼蟾对水质的要求基本与蝌蚪相同。由于不需培肥水体来增加其饵料，同时幼蟾主要以肺呼吸，对水中溶氧量的要求不如蝌蚪严格，因此幼蟾池的水质控制比蝌蚪池要容易。但对幼蟾池的水质不容忽视，要经常清扫饵料台上的残饵，洗刷饵料台，捞出死蟾及腐烂的动、植物等异物，并经常换水，以确保水质良好，为幼蟾生长创造良好的水体环境。晴天，可将洗刷干净的饵料台拿到岸边让阳光暴晒1～2小时后放回原处；若遇阴雨天，则将洗刷干净的饵料台放在石灰水中浸泡 0.5 小时，彻底杀灭黏附在饵料台上的病原体。此外，要定期对幼蟾池消毒，一旦发现幼蟾池水开始发臭变黑，则应立即灌注新水，换掉黑水、臭水，使幼蟾池水保持清新、清洁。

4. 分级分池管理

在幼蟾饲养管理过程中，每隔一段时间应将大小不同的幼蟾分级，并调整到不同池放养，以防幼蟾生长不均衡而造成大蟾吃小蟾。同时，应根据幼蟾的大小，给予不同的放养密度。这样有利于弱小蟾蜍摄食和生长发育。随着幼蟾的生长，水深由 0.3～0.4 米逐渐加深至 0.5～0.8 米。

5. 控制湿度

要保持幼蟾登陆栖息的陆地湿润和较高的空气湿度。种植花草、作物等植物遮阴，有利于增加湿度。还可以搭设遮阴棚或向幼蟾池四周的空旷陆地每天喷洒 1～2 次水。

6. 定期抽测称量，掌握幼蟾发育情况

为掌握幼蟾发育情况，应定期抽测部分幼蟾（见图 5-1），掌握幼蟾生长发育情况，发现幼蟾生长发育异常时，及时分析处理。

体长：自吻端至体后端的长度。

头长：自吻端至上、下颌关节后缘的长度。

头宽：头两侧之间的最大距离。

前臂及手长：自肘关节至第三指末端的长度。

前臂宽：前臂最粗的直径。

后肢或腿全长：自体后端正中部位至第四趾末端的长度。

胫长：胫部两端之间的长度。

胫宽：胫部最粗的直径。

跗足长：自胫跗关节至第四趾末端的长度。

足长：自内蹠突的近端至第四趾末端的长度。

7. 每日巡查

每天早、中、晚巡池，注意观察幼蟾的摄食情况，有无患病迹象，发现疾病及时治疗。还要经常检查围墙和门四周有无漏洞、缝隙，发现后立即堵塞，防止敌害进入和幼蟾逃跑。一旦发现蛇、鼠等敌害，应及时驱除。

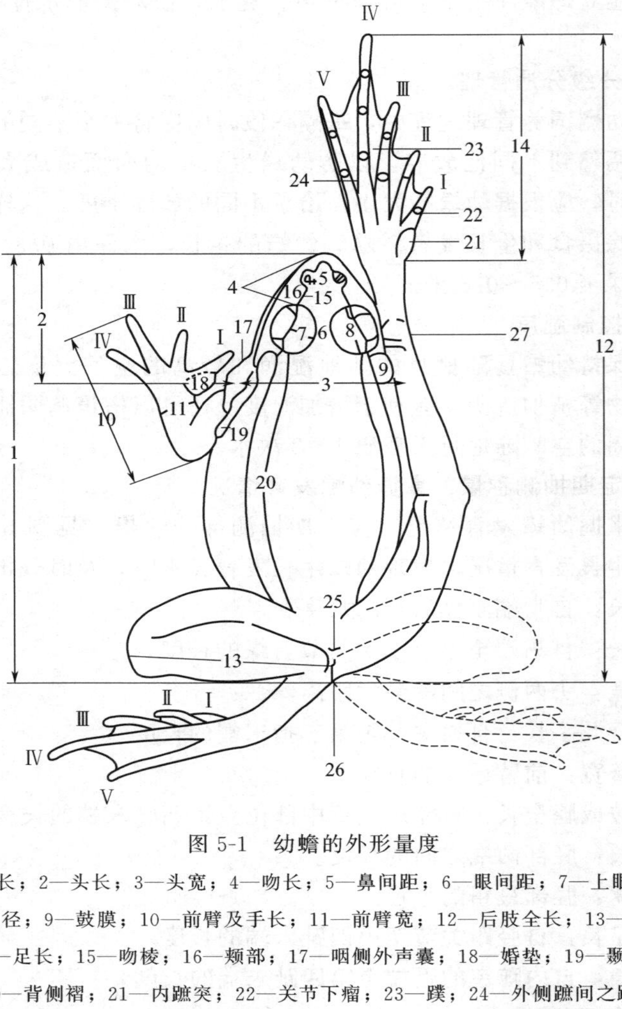

图 5-1　幼蟾的外形量度

1—体长；2—头长；3—头宽；4—吻长；5—鼻间距；6—眼间距；7—上眼睑宽；8—眼径；9—鼓膜；10—前臂及手长；11—前臂宽；12—后肢全长；13—胫长；14—足长；15—吻棱；16—颊部；17—咽侧外声囊；18—婚垫；19—颞褶；20—背侧褶；21—内蹠突；22—关节下瘤；23—蹼；24—外侧蹠间之蹼；25—肛；26—示左右跟部相遇；27—示胫跗关节前达眼部；

手上的Ⅰ、Ⅱ、Ⅲ、Ⅳ表示指的顺序；

足上的Ⅰ、Ⅱ、Ⅲ、Ⅳ、Ⅴ表示趾的顺序

8. 做好记录

对放蟾、投饵、发病治病、水温、气温等情况逐一记录，以便积累养殖经验。

第二节　成年蟾蜍的饲养管理

幼蟾经一年以上的饲养，越冬后的幼蟾即可转入成蟾阶段。从成蟾中挑选出发育快、生长健壮、体形大、活泼、食欲好的个体，作为种蟾培育。其余成蟾即可作为刮浆蟾蜍或养到一定规格后处理(制成干蟾或取蟾衣)。

一、放养前的准备工作

成蟾以陆地活动为主，放养前要整治陆地活动场所。先清除杂物、有害动物等，并种植农作物或蔬菜，搭建遮阴棚，安装诱虫灯，培肥育虫，设置一些多孔的砖屑、石堆以供蟾蜍栖息，还要安装喷灌设施，检查防护网或隔离墙的完整性，为蟾蜍提供一个草木丛生、潮湿和安静的陆地环境。成蟾池整理消毒处理后，待毒性消失，即可注入日晒曝气水，水深 30～50 厘米，最好是缓流水。池中种植水生植物。根据具体情况，成蟾池上方可安装防晒或保温设施。

二、蟾蜍的放养

成蟾的养殖一般是在性成熟前即放养到成蟾池及活动场所，可在蟾蜍食性驯化 1 个月后放养，也可在幼蟾 3～4 月龄时放养。成蟾个体大，需要较大的活动空间，放养密度应低于幼蟾，而且随着个体的长大放养密度应减小。放养较小的蟾蜍时，每平方米放养 30～50 只；接近成蟾时，每平方米放养 10～30 只；作为种蟾培育的成蟾宜稀养，每平方米放养 5～10 只。放养前要对蟾体进行消毒，可用市售消毒剂进行浸体消毒，也可用 2%食盐水浸泡消毒，以防止蟾蜍携带病毒、病菌、寄生虫等进入新的场地而造成疾病传播。放养时要根据成蟾的大小、强弱等分池饲养。尤其在密度大、场地小时，由于竞争，强壮欺弱小会造成伤残。

三、蟾蜍的投饵

成蟾个体大，摄食量大，绝对投饵量较幼蟾大得多。尤其是刮浆蟾蜍，刮浆前后，供给的动物性饵料及蛋白质饵料要充足，保证刮浆后体质恢复快和产生新浆液。一般每日投饵量为成蟾体重的10%～15%，日投喂配合饵料为成蟾体重的7%～10%。成蟾具体投饵量的确定原则与幼蟾相同，投饵方法和要求也类似于幼蟾。

四、调节水质

成蟾摄食多，排泄物也多，要经常换水，及时清除残饵，以保持良好水质。换水时间间隔比幼蟾期短，换水量要比幼蟾期大。一般每2～3天换水1次，每次换水量为1/10～1/5。在炎热的夏季，最好每天换水1次，换水量为1/2。

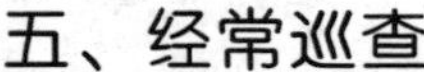

五、经常巡查

成蟾的活动能力较幼蟾强，善跳跃，因此应特别注意围墙的维修工作，防止外逃。至于成蟾期饲养和管理的其他方面的要求与幼蟾基本相似。

幼蟾和成蟾除可在室内或室外建池精养外，也可在水库、池塘、河流等水体中设置网箱养殖。网箱的制作和安装可参考蝌蚪的培育。防逃是网箱养蟾成败的关键。要经常检查网箱有无破损，一经发现要及时补好。为保险起见，可采用双层网箱。网箱应有40厘米露出水面，这部分箱体内衬一层塑料薄膜，以防止蟾蜍爬逃。否则，应设置箱盖。

第三节　蟾蜍的越冬期的饲养管理

蟾蜍是冷血变温动物，体温随外界环境温度的变化而改变，其生命活动也因此而变化。当环境温度降到10℃以下时，蟾蜍的体温降低，新陈代谢活动减慢，减少取食和运动，直至完全蹲伏在土缝或水底等处，不吃不动，生长发育也停止，这就是蟾蜍的冬眠现象。蟾蜍在冬眠期间不吃食，维持生命和体温全靠消耗自身体内所储存的脂肪。因此，冬眠会使蟾蜍的体重下降，体质减弱，抵抗疾病和敌害的能力下降，容易造成蟾蜍的大批死亡。幼蟾的个体小，活动量又大，在越冬期比成蟾和种蟾更易死亡。加强与蟾蜍越冬有关的管理，提高蟾蜍的越冬存活率，是蟾蜍养殖生产中的一项重要工作。

一、蟾蜍越冬期间死亡的原因

1. 水温过低

当水温降至0℃以下，使蟾蜍体温也降至0℃以下，蟾蜍即死亡。

2. 越冬前饲养管理不善

越冬前蟾蜍摄食少，则个体小、瘦弱，脂肪贮存量少，因抗寒能力较弱而死亡。

3. 营养过度消耗而死

蟾蜍在越冬期间活动和维持体温，要大量消耗能量，又得不到食物补充。那些个体小、体质差、营养贮存少的个体会因过度消耗、瘦弱而死。

4. 敌害攻击

越冬期间，蟾蜍活动能力弱，抵御和躲避敌害的能力差。因而，易被敌害攻击而死亡。

针对上述情况，为确保蟾蜍安全越冬要重点做好两项工作：一是在蟾蜍越冬前饲喂充足饵料，使蟾蜍体内积累足够的营养物质，以增强蟾蜍体质，提高抗寒能力；二是为蟾蜍创造适宜的越冬条件。

二、蝌蚪的越冬管理

蝌蚪的耐寒力较强，比幼蟾、成蟾晚5～8天冬眠，对于低温冷水的抵抗力较强。在−7℃的情况下，只要底层水不结冰，蝌蚪仍能在水中活动。但是处于变态前的四肢都已长出，而尾部尚未消失的蝌蚪，对于寒冷的抵抗力较弱，尤其不适应水温的急变。

1. 及早抓蝌蚪的饲养和管理

根据各地的气温条件，对于较早孵出的蝌蚪，要及早加强饲养和管理，促使其早变态，使变态后的幼蟾到越冬时已生长成较大的幼蟾，并在体内贮积足够的营养，从而增强越冬抗寒能力。较晚孵出的蝌蚪，应控制其变态，使之以蝌蚪的形态越冬。

2. 加深池水

越冬期间只要底层水不结冰，蝌蚪也能安全越冬。因此，越冬期间蝌蚪池的水深宜保持在使下层水不结冰的水平之上。一般来说，静水水深在1米以上，流水水深在50厘米以上。

3. 适当增大放养密度

越冬期间放养密度可比越冬前增加0.5～1倍。但放养密度不宜过大，否则耗氧量增加，易造成缺氧。

4. 加强水质管理

蝌蚪呼吸需要的氧来自水中溶氧。因此，要注意调节水质。经常注水、换水是调节水质的重要措施。一般一个月左右换一次水，每次换水1/4～1/3（水温不低于2℃）。要及时清除冰面积雪，使冰面透明，保证水中浮游植物的光合作用，以增加水中溶氧量。如果水面较长时间被冰封，应在冰面上开冰洞，使水与空气进行气体交换，从而增加冰下池水的溶氧量。经常破冰是增加水中溶氧量的一种有效措施。另外，在越冬期间要经常观察蝌蚪的状态，及时捞走死蝌蚪和清除排泄物。

5. 控制水温

蝌蚪只要水温在0℃以上，水不结冰即可安全越冬。提高水温是保证蝌蚪安全越冬的重要条件。有条件的地方可每天换适量无毒井水（冬季水温在17℃左右）、温泉水、工业锅炉热水，使蝌蚪池水温不低于5℃。越冬期间，还可在蝌蚪池上搭塑料薄膜保温。

6. 注意投饵

若水温超过 15℃，越冬期的蝌蚪即恢复摄食，因而可根据蝌蚪的食欲，酌量投饵。

三、幼蟾与成蟾的越冬期饲养管理

（一）增加蟾蜍冬眠前的营养

幼蟾、成蟾及种蟾，在进入冬眠前的一个月，要保证饵料的投喂数量与质量，适当多投喂高蛋白质饵料，以增强蟾蜍体质和保证蟾蜍在体内贮备大量的营养物质。对于当年较早孵化出来的蝌蚪，应加强饲养管理，促进变态，至少在越冬前有约一个月的生长时间。

（二）创造蟾蜍理想的越冬场所

变态后的蟾蜍多选择在避风、避光、温暖、湿润的地方冬眠，如洞穴、淤泥中及可供藏身的石块、土坯、木板和草垛下。根据这一特点，可以人为地创造一些适于蟾蜍安全越冬的场所。

1. 地下越冬场所

蟾蜍常潜伏于离冻层 30～40 厘米处潮湿的池边洞穴、树根空隙处越冬。

（1）洞穴　在养殖池周围，向阳避风、离水面 20 厘米的地方，用石块等人为地制造一些洞穴。洞穴可大些，洞内铺上一些软质杂草。洞穴要保持湿润，但不能让池水淹没。蟾蜍进洞冬眠后，立即在洞穴上堆放一些稻草等，以挡寒风的侵袭。在越冬前，用锄等挖松养殖池四周的泥土，这样蟾蜍可较为容易地钻入土中冬眠。

（2）草堆　在养殖池向阳背风面，先松土或铺一层 50 厘米厚的松土，上面堆草，再覆盖一层塑料薄膜，以保持温暖、湿润。当气温下降时，蟾蜍就能钻入其中冬眠。如遇特殊寒冷天气，要加盖更厚的草堆，再加盖一层塑料薄膜。

（3）缸、桶　少量养殖蟾蜍，也可将蟾蜍置于缸、桶内越冬。

具体做法是先将缸内或桶内装一些泥土，中间高、四周低，形似馒头，在低凹的四周适当放水，使高处土湿润，四周有少量积水。蟾蜍放入缸、桶中后，上面盖水草或草皮，缸口盖以草帘或麻袋、棉絮，以防止蟾蜍外逃。缸、桶口也可盖塑料薄膜，但要注意透气。缸、桶宜安放在 2～10℃的环境中，例如草堆中。若气温太低，使室温低于 0℃则需适当加温。

2. 加深水层越冬

入冬前，将蟾池水位加深至 1 米，养殖池底要有 30～50 厘米厚的淤泥，为蟾蜍越冬提供较为稳定的环境。蟾蜍会自行钻入淤泥中。淤泥具有保温作用，其发酵放热，可使水温上升 2℃，这样蟾蜍也能在深水淤泥内安全越冬。同时，还可用稻草、芦苇、冬茅、竹帘和塑料薄膜等在池面上搭起棚架，以抵御寒风的侵袭，提高池温。

3. 室内越冬建砖池

在房屋内靠墙处用砖砌一个高 40～50 厘米的池子（长、宽根据室内大小及越冬蟾蜍数量多少而定），池内铺松土 20～30 厘米，并放一水盆，水盆上缘与土层同高，另放一个蚯蚓养殖槽，以便室温高于 10℃时，满足蟾蜍摄食需要。池口用竹帘等盖住，以防止蟾蜍逃逸。若寒潮来袭或气温低于 5℃时，可用塑料薄膜包围池外，在池内悬挂一盏 40 瓦灯泡，池口竹帘上加盖薄膜或棉絮，以提高池内温度，保证蟾蜍安全越冬。

四、越冬管理

蟾蜍在越冬期间的饲养和管理，不仅直接影响蟾蜍的安全越冬，而且也影响到翌年蟾蜍的生长和繁殖性能等。

1. 控制温度

保温是蟾蜍安全越冬的关键环节。蟾蜍不宜较长时间在 5℃以下的环境生活。对越冬蟾蜍可采用加深水层延缓水温降低，池上搭棚覆盖草、芦苇等保温，池上搭棚覆盖塑料薄膜增温等，也可经常用水温较高的井水、温泉水及工业锅炉热水等保持水温，或采用电灯等热源加温。

2. 调节水质

蟾蜍在冬眠时，主要通过皮肤进行呼吸作用，从而维持体温和生命，而且蟾蜍在高于10℃的水温条件下会活动、摄食，所以越冬期间也应注意适时加水、换水，保持水质清新和足够的溶氧量。一般每个月需换一次水。

3. 适当投饵

冬眠的蟾蜍不吃不动，不需投喂饵料。但温度上升到10℃以上时，蟾蜍开始活动，并摄食，其摄食量随着温度的升高而增加。因此，越冬期间应根据蟾池内温度的变化及蟾蜍的摄食量，酌量投以饵料，使蟾蜍吃到7～8成饱。

4. 防除敌害

在越冬期间蟾蜍极易受到敌害的伤害，应注意防除。

5. 勤检查

经常巡查养殖池，看保温效果好不好，看蟾蜍状态是否正常，看有无敌害，发现问题及时处理。

第四节　蟾蜍庭院养殖要点

在我国广大农村、城镇，如果房前屋后有院落或空地，可以进行蟾蜍养殖，即庭院养殖蟾蜍。

一、基本要求

一是必须有防止蟾蜍外逃的设施。二是要有水池。庭院养殖蟾蜍的规模一般较小，在院中偏僻处挖建一个水池，供蟾蜍生活和自繁。水池长2米、宽1米、深1米即可。如条件允许，可以建大些。池中筑假山，假山周围及池底造些洞穴，以利于蟾蜍栖息。三是有饵料来源。在池附近（或池中假山上）设补饵台，其上安装黑光灯诱虫。如果养蟾数少而昆虫丰富，安装黑光灯诱虫基本可解决饵料供应问题。否则，应收集或培养蟾蜍饵料。

二、饲养管理要点

1. 栽种植物

庭院内栽种葡萄、瓜、豆等，既为蟾蜍提供更多的隐蔽场所和吸引更多的昆虫供蟾蜍捕食，又能做到养殖业和种植业双丰收。池中还可种几株莲藕。

2. 防御敌害动物

庭院养殖蟾蜍除注意避防蛇、黄鼬等天敌外，还应注意蟾蜍养殖场地与鸡、鸭、猫等动物活动场所隔离，防止这些动物捕食蟾蜍及蝌蚪。

3. 水体管理

养蟾池水深一般维持在 0.5～0.7 米之内。庭院水池一般换水不便，因此要高度重视其水质的维护。日常要注意水池清洁卫生，定期消毒，以免水质变坏。如有条件，应经常换水。

第五节　蟾蜍稻田养殖要点

稻田是蟾蜍的天然栖息场所，食物多，水生生物丰富，适于蟾蜍生活和生长。稻田养蟾的优点在于不多占农田，不多耗水，效益好。蟾蜍既能为水稻治虫，蟾蜍粪又是稻田的良好有机肥，从而达到稻、蟾双丰收，是一项投资少、利润高、见效快的生态养殖好办法。

一、稻田选择与设施

一般选择水源充足、排灌方便、保水性好、田埂结实的稻田，面积可大可小，从几十平方米到数千平方米都可以。选中的稻田 1/2～2/3 的面积种稻，其余面积种芋或莲藕，二者之间筑一小埂，以为蟾蜍提供一个适宜的回避场所。也可在稻田的进、出水口处挖面积 1～2 米^2，深 50～60 厘米的保护坑，并在稻田四周挖宽约 30 厘米、深约 50 厘米的保护沟，使坑沟相通，供晒田、搁田时蟾蜍及蝌蚪栖息。稻田的田埂应适当加宽、加高，田埂的高度，以能保持水深 6～15 厘米为宜。在稻田周围设置防逃围栏。防逃围栏可用两幅塑料网布缝合而成，高度 1.5 米以上，网布下端埋入土中 10 厘米以上，网布用木桩或竹桩支撑起来并加以固定。围栏也可采用塑料薄膜、油毛毡、石棉瓦等材料，或用砖砌成围墙。但这些材料建成的围栏通风性较差，刮风下暴雨时易被吹倒或冲垮。为防止蟾蜍逃走，进、排水口宜设塑料网纱，网目大小以能防止蟾蜍及蝌蚪逃出即可。

二、蟾蜍的放养

当气温升至 18℃以上或插秧后 10 天左右，每亩放养幼蟾约 2000 只，每批放养的幼蟾个体大小应尽量一致。因为稻田里敌害较多（如黄鳝、水生昆虫、鱼、青蛙等），不宜放养蟾蜍蝌蚪。稻田养蟾蜍可以让成蟾在其中自繁，即幼蟾达到商品规格标准时，从中选出少量雌、雄个体继续放养在稻田中，让它们繁殖，而不必每年放养蟾蜍种苗。另外，稻田放养蟾蜍的同时，还可放养鱼苗。这样既为蟾蜍提供饵料，又能收获一定量的鲜鱼。

三、蟾蜍稻田养殖的注意事项

1. 饵料

蟾蜍稻田养殖是一种半野生的粗放养殖方式，蟾蜍主要以捕食稻田里的昆虫为食。当稻田里昆虫较少时，可安装黑光灯诱虫。水稻收获后，或低温季节等情况下，昆虫来源少时，可人工投喂小鱼虾、蚯蚓等活饵。

2. 保持适宜水深

养蟾稻田应保持 6～15 厘米的水层。当水稻需要晒田、搁田时，应慢慢排水，以便蟾蜍及其蝌蚪进入回避场所。

3. 防暑防寒

盛夏高温季节，没有稻株覆盖的水田或稻株过小的稻田，水温可能达 38～40℃，远远超过蟾蜍的适应范围。稻田最好种中稻，或早稻收获时高留茬培育再生稻。如果稻田附近种有芋、莲藕可供蟾蜍栖息，也可种双季稻。必要时在保护沟上方用稻草搭若干个遮阴棚。秋末及冬季，北方稻田养蟾蜍，需在稻田旁挖深坑、存水深1米以上；南方则要求稻田保留一薄层水（以水底不结冰为度），以保证蟾蜍安全越冬。

4. 严防敌害

要注意防除稻田中黄鳝、鱼、蛇、鼠、鸟等蟾蜍的天敌。

5. 改进水稻栽培技术

栽秧的密度要适宜，改进施肥技术，使稻苗不过于繁茂。尽量不晒田控苗，减少对蟾蜍生长的干扰。宜适当多施基肥，尤其是有机肥，以便少追甚至不追肥。追肥应改撒施为球肥深施，或制作颗粒肥塞秧蔸。养蟾稻田一般不必喷施农药。如确需喷农药，宜选用对蟾蜍低毒或无毒的农药，并将蟾蜍驱赶到芋或莲藕中暂养数日。

第六节　幼蟾与成蟾的捕捞（捉）与运输

引进和销售蟾蜍种源时，要做到不伤害蟾蜍种源。要保持较高的成活率，就必须掌握正确的捕捞方法和运输技术。蟾蜍的种源可以是蟾卵、蝌蚪、幼蟾和成蟾。

一、捕捞（捉）

无论是刮浆蟾蜍，还是种用幼蟾和成蟾，其捕捞（捉）方法和保活运输的技术要求基本相同。在捕捞（捉）和装运蟾蜍时，都必须选择符合标准要求的蟾蜍。

1. 拉网捕捞

对于在水较深、水面较大的养殖池、池塘、沟等水体内密集精养的蟾蜍，可采用大网围捕。捕捞前先清除水体内障碍物，拉网时注意压紧底绳。收网时动作要快，将底绳与面绳迅速捏合在一起，以防止蟾蜍钻入软泥中或逃走。

2. 干池捕捉

当需要将池内全部蟾蜍捕捉干净时，需排干池水，然后几人并排遍池捕捉。

3. 晚上灯光捕捉

在夜间用手电筒光向蟾蜍眼直射，蟾蜍因突然强光耀眼，一时木然不动，这时可乘机用手捕捉或用小捞网（图 5-2）捕捉。或在夜间打开诱虫灯，对摄食昆虫的蟾蜍进行围捕。

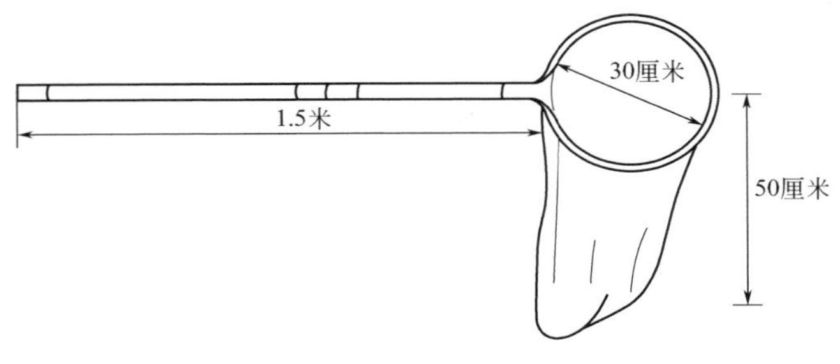

图 5-2　捞网

4. 诱饵钓捕

用长 2～3 米的竹竿拴上一根长 3 米左右的透明尼龙线，尼龙线端串扎蚯蚓、蚱蜢、泥鳅、小杂鱼等个体较大的诱饵。准备一个柄长 1 米的捞网，网袋应深达 1 米左右。操作时，一手持钓竿，上下不停抖动；一手持捞网，发现蟾蜍吞饵咬稳时即可收竿，并将蟾蜍迅速投入网袋中。

在平时，如养殖池水较浅（30～50 厘米），也可直接下水捕捉。在蟾蜍冬眠期，翻、挖养殖池四周软土，也可捕捉到蟾蜍（应注意此时蟾蜍对寒冷和疾病的抵抗能力差）。

二、运输

幼蟾和种蟾的运输方法和技术基本相同。

运输前，先要做好运输工具的准备工作。装载蟾蜍的用具应具有保湿、通风透气和防逃的功能，可以是木箱、木桶和塑料箱等。

装载前，先将用具洗干净，侧面开通气孔，底部开几个排水洞。同时，在底部垫上一层水葫芦、水草或湿稻草等物，以增强保湿、降温和防震效果，确保安全运输。在运输装箱前，要停喂静养2天，洗净蟾蜍身上的污泥等物，再分级装箱运输。

装运密度应根据蟾蜍个体大小选择，以不拥挤为原则。一般每平方米面积装载10克左右的幼蟾600只，20～30克的幼蟾350只。装运时，幼蟾可直接放入箱中。成蟾个体大、跳跃力量强，宜将装运用具分隔成小室，填入湿水草或湿布，每小室内放入3～4只成蟾。最好把每只成蟾装入一小纱布袋内，浸湿纱布袋后放入各小室内。这样可避免蟾蜍互相拥挤、堆压致死，也可防止成蟾跳跃受伤，提高运输成活率。

运输工作应选择在10～28℃阴凉天气条件进行。夏季高温期宜在晚上或阴雨天运输，可在运输箱内放入冰块降温。运输途中，要经常检查蟾蜍的生活状况，并定期淋水，拣出病死蟾蜍，以保持箱内的清洁和蟾蜍皮肤的湿润。此外，运输中还要避开阳光直射，防止强烈震动等。做好上述工作一般都能安全运输，提高运输成活率。在一般情况下，1～2天运输期内，幼蟾运输成活率可达85%左右，种蟾运输成活率可达95%以上。

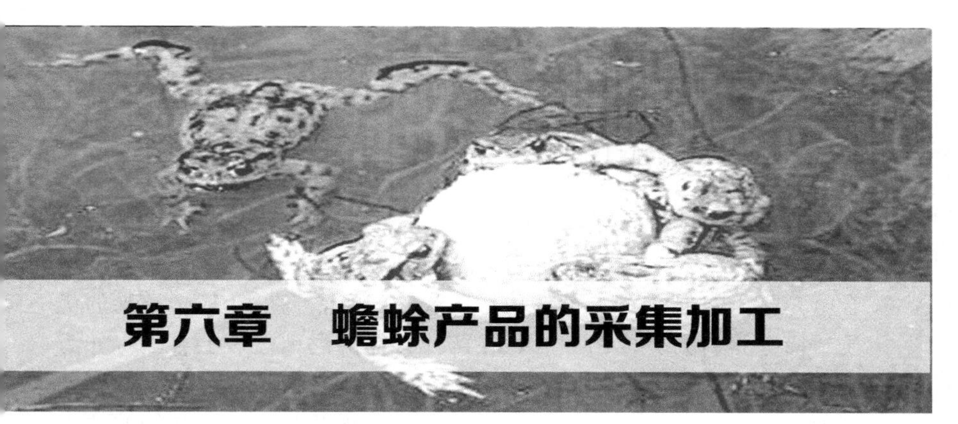

第六章　蟾蜍产品的采集加工

一、蟾酥

蟾酥之名始见于《本草衍义》。《药性论》称其为蟾蜍眉脂。《本草纲目》记载：蟾酥能治一切五疳八痢、肿毒、破伤风、脱肛。近代医药学家对蟾酥进行了广泛深入的研究，在抗肿瘤、抗白血病、镇痛、局部麻醉等临床应用上取得了较大进展，并有一定数量的出口。随着蟾酥在临床运用上不断开拓发展，应用范围越来越广，加之近年来生态环境的恶化，蟾酥资源日趋减少，不仅价格大幅上扬，而且时有脱销。野生蟾酥主产于江苏启东、海门、泰兴，山东日照，安徽宿县，河北玉田、丰润、青龙，浙江萧山、慈溪，湖北汉川、天门等地。其中，江苏启东和泰兴产者质量为优，启东为全国有名的“蟾酥之乡”。

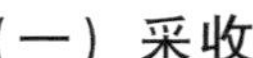

（一）采收

1. 适宜采集蟾酥的种类

蟾酥为常用名贵中药材，为中华大蟾蜍、黑眶蟾蜍及其近缘种花背蟾蜍、华西蟾蜍等耳后腺及皮肤腺的分泌物，以中华大蟾蜍的蟾酥为最佳。一般 1500 只蟾蜍可刮 0.5 千克的鲜浆。中国台湾蟾蜍、曼谷蟾蜍的耳后腺分泌物也作为蟾酥用。

2. 蟾酥采收时间

蟾蜍在春季产卵繁殖季节之后经 10～15 天的恢复期，即可采收蟾酥。一般从春季到秋季均可采收蟾酥，6～7 月是采酥的高峰期，活体采浆一般为每 2 周 1 次。冬眠前 15～30 天应停止采浆，以利于蟾蜍贮备能量越冬。

3. 采集工具

（1）采酥夹　采酥夹可自制或可到药材公司购买铜、铝（或铝合金）夹。自制采酥夹可选用一段长 20 厘米、直径 5～7 厘米的优质竹筒。将竹筒劈成两片后，在两片竹筒的同一边装上合页（如为铁质合页，装在竹筒外侧），再在装合页侧的竹筒外侧装上一根弹簧即可。采酥夹用手一握即合成筒状；手松开时，由于弹簧的拉力作用，又使其分为两半。

（2）竹刀　选取一段长 10 厘米、宽 5～7 厘米的竹刀。

（3）浆液盛器　瓷盘或瓷盆，忌用铁质器具（蟾酥遇铁质器具即变黑，影响其质量）。

（4）其他　40～80 目和 100 目的尼龙丝、铜丝筛、手套、口罩、眼镜、紫草水等。

4. 蟾酥的采集

一般是早晚和雨后在水田沟旁捕捉蟾蜍。

（1）蟾蜍的处理　将捕捉到的蟾蜍用水洗净，晾干体表水分。洗净泥土是为了蟾酥清洁卫生，晾干体表水分是使耳后腺变软，取酥容易。为了使蟾蜍能够分泌较多的浆液，采集蟾酥时，可用木尖或竹尖刺其头部，也可将辣椒或大蒜放入蟾蜍口中，或用酒精涂擦耳后腺和皮肤腺以刺激其分泌浆液。采集蟾酥时，如遇阴雨天，可用慢火或日光灯烘干。

（2）操作方法　取蟾酥时，左手将蟾蜍从头往下捋，最后捉住前后四条腿。这时蟾蜍腹部、耳后腺鼓胀起来，然后右手用采酥夹挤耳后腺及皮肤腺，听到一阵“吆吆”的声音，说明浆已挤出来了。挤出来的浆液喷射到采酥夹或滴入一盛器中。用夹子挤浆时，动作要敏捷，一般每个腺体夹挤 2～3 次即可。在夹挤腺体时，用力要适度，以腺体张口为宜。如用力过轻很难全部挤出浆液；如用力过重常将蟾蜍腺体皮肤撕伤或挤出血液，这样不仅影响蟾酥质量，而且会影响下次采集浆液，甚至使蟾蜍感染而死亡。如无采酥夹，可用竹夹或竹片板刮取蟾蜍耳后腺和皮肤腺的浆液。蟾酥鲜浆以新鲜洁白、浆粒微黄、油而发亮、黏性大、拉力强者为佳。

（3）注意事项　蟾蜍的药用价值极高，如不加以保护，势必造成蟾蜍资源越来越少。为保护资源，进行持续性生产，采集蟾蜍应避开蟾蜍的繁殖季节。在捕捉时，应装在竹篓里，切不可用塑料袋装（防止闷死）。刮浆很容易造成蟾蜍表皮发炎死亡，蟾体极度虚弱，因此刮浆后的蟾蜍要放在旱地而不能立即放在水中，否则会发炎死亡；刮第 1 次浆后，需加强饲养管理，隔 2～3 个星期后，才能进行第 2 次刮浆；要做到随捉、随刮、随放，切不可集中在一起刮浆。在整个刮浆操作和加工过程中，切忌与铁器接触，否则会影响蟾酥质量。夹挤腺体时，用力要适度，不要造成蟾蜍皮肤损伤。刮浆时应防止浆液溅入眼中，一旦溅入眼中马上用清水冲洗，出现眼肿可用紫草汁洗。所用工具设备要冲洗干净，以防混入杂物，影响蟾酥质量。此外，蟾蜍不能食用，蟾蜍肉虽然可食用，但如食用方法不当，亦可中毒，轻者小便尿血，重者死亡。

5. 蟾酥的加工

将采集的蟾酥浆液，过 80～100 目尼龙丝或铜丝筛，用竹刀刮滤或压浆球往下压，直到筛面全部是杂质才停止。也可加入 15%清洁水搅拌均匀再过筛。然后将过筛的纯浆摊到玻璃板上（长 30 厘米、宽 15 厘米），并用竹刀将鲜浆铺平使表面光滑，厚度为 2～2.5 毫米，晒干即成“片酥”（图 6-1）。或将纯浆置于圆模型中晒至 7 成干后，取下，再晒干，即成“团酥”（图 6-1）“块酥”。将过滤的纯浆置于玻璃器皿内，加工成扁圆形，形似围棋子即成“棋子酥”。在高温季节鲜浆存放不能超过 6 小时，如遇阴雨天，放在 60℃以下烘箱内烘干，成品色泽较好。也可放于火炕上烘干。烘干时火不能太大，太大会起泡，一起泡则不能入药。也可放在 60 瓦的日光灯下烘干。

6. 蟾酥的炮制

取蟾酥块捣碎，置于酒或牛奶中浸软搅动至呈稠膏状时取出，

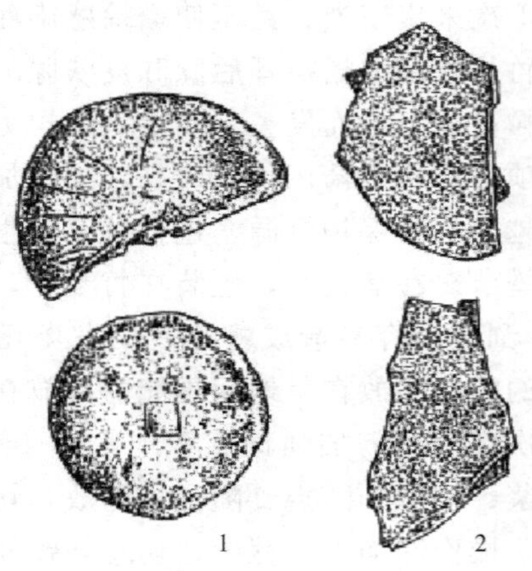

图 6-1　蟾酥

1—团酥；2—片酥

风干或晒干，研成细粉，前者称酒蟾酥，后者称乳蟾酥。蟾酥质地坚实，炮制后变得较为疏松，利于粉碎，并使其毒性有所缓和。

（二）商品规格与鉴别

1. 商品规格与收购标准

（1）鲜浆　白净，微黄，油亮发光，黏性大，拉力强。

（2）团酥　山东等地加工成饼酥，即团酥。直径约 7 厘米，厚约 5 毫米，全体呈棕紫色、紫红色或淡棕色，表面光滑平坦。质坚硬，不易折断，断面呈棕褐色。断面胶质，平而有光泽，中间夹有淡黄色杂质。

（3）片酥　呈不规则片状，大小不一，厚约 2 毫米，一面光滑，一面粗糙，质脆，易折断，面呈红棕色，半透明。

（4）棋子酥　状如棋子，每块重约 13～16 克。其他性质同团酥。

目前，收购蟾酥的质量标准，主要是根据老药工的鉴别经验制定的。山东药材公司的鉴别方法是将蟾酥放在 100 瓦白炽灯所形成的光路上，以光线能均匀通过者为佳。具体标准规格见表 6-1。

表 6-1　蟾酥的收购标准

等级	质量标准
一等	货干，纯净，棕色或红棕色；外表光亮，断面质量均一，角胶性，微有光泽；呈扁圆形饼状，直径 7～8 厘米，厚度 1.5～2 厘米，每 500 克 4～5 个，个头均匀
二等	货干，纯净度较差，棕褐色或紫褐色；外表光滑，断面质量均一，角胶性，微有光泽；呈扁圆形饼状，直径 7～8 厘米，厚度 1.5～2 厘米，每 500 克 4～5 个，个头均匀
三等	货干，不符合一、二等的，以及手酥、块状，大小不分；杂质最多不超过 10%

2. 蟾酥的质量鉴别

（1）性状鉴别　蟾酥因加工方法不同而呈扁圆形团块状（团酥），或不规则片状（片酥）。表面光亮，有的不平，具皱纹，呈淡黄色、紫红色或棕黑色。团块状者质坚，不易折断，断面呈棕褐色，角质状，微有光泽；不规则片状者质脆，易碎，断面呈红棕色，半透明。气微腥，味苦而有持久的麻痹感，粉末嗅之作嚏。断面沾水即呈乳白色隆起。以红棕色、断面角质状、半透明、有光泽者为佳。

（2）显微鉴别　甘油溶液装片观察，呈半透明或淡黄色不规则碎块，并附有砂粒状固体。水合氯醛溶液装片并加热，则碎块透明并熔化。浓硫酸装片观察，显橙黄色或橙红色，碎块四周逐渐缩小而呈透明的类圆形小块，表面显龟裂状纹理，放置稍久渐溶解消失（图 6-2）。水装片加碘试液观察，不应含有淀粉粒，不应有其他动

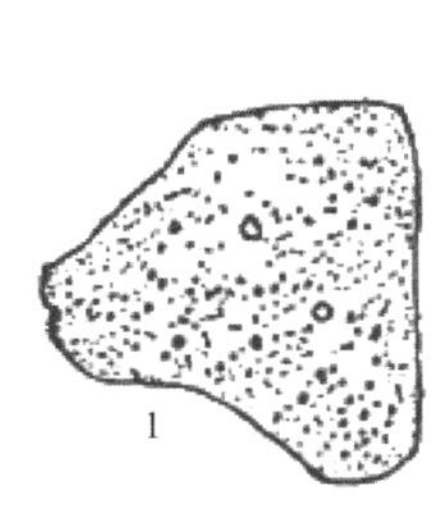

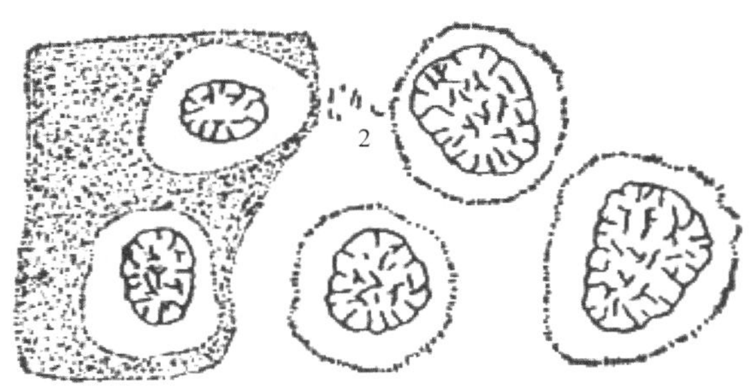

图 6-2　蟾酥粉末显微鉴别特征

1—水合氯醛装置；2—浓硫酸装置（示逐渐溶解状态）

物、植物、矿物质类组织出现。

（3）理化鉴别　灰分测定：总灰分不得超过5.0%；酸不溶性灰分不得超过2.0%。华蟾毒精和酯蟾毒配基的含量测定用高效液相色谱法，按干燥品计算，华蟾毒精和酯蟾毒配基的含量不得少于6.0%。

取粉末0.1克，加甲醇5毫升，浸泡1小时，滤过，滤液加对二甲氨基苯甲醛固体少量，滴加硫酸数滴，即显蓝紫色。

取粉末0.1克，加氯仿5毫升，浸泡1小时，滤过，滤液蒸干，残渣加醋酐少量使其溶解，滴加硫酸，初显蓝紫色，渐变为蓝绿色。

取粉末1克置于试管中，加水5毫升，浸泡10分钟，取上清液滴加双缩脲试剂数滴，溶液如变成浅红色或棕红色，则可能掺有蛋白类物质。

蟾酥的品质优劣，不仅关系到药用价值，更关系到人的生命安全，因此在蟾酥投入市场之前，必须进行严格的鉴别：一是看表面是否是茶棕色、棕黑色、紫黑色或紫红色；二是嗅是否有腥气和催涕性；三是舔是否有麻痹感；四是滴水于蟾酥上能迅速出现泡沫，泛出白色乳状液，并起鼓钉，可剥下，能完全溶于酒精中。

3. 真伪鉴别

蟾酥在复方及中药配伍方面占有重要位置，又因其价格贵，掺伪现象较多。

通过外观性状来鉴别蟾酥的真伪。正品蟾酥的外观性状前面已做过介绍，下面列举几种掺假蟾酥制品的性状，加淀粉的蟾酥质硬，片厚，对着光时不透明，韧性差，手捻无柔软感。加玻璃粉的蟾酥虽表面透明，但有闪光。加豆腐粉的蟾酥透明性差，干片剥开后口不齐。加伞纸的蟾酥干片剥开后口不齐。加双氧水不起白泡沫。加松香粉的蟾酥虽然颜色与鲜蟾酥相似，也透明，但有松香味，燃之更明显。

现将其真伪鉴别方法列于表6-2。

表 6-2 蟾酥真伪鉴别方法

方法	蟾酥	伪品
闻	微带腥味，稍有酥粉入鼻，即引起长时间的打喷嚏	如掺入蛋清，则有蛋腥气
尝	味苦，并产生强烈持久的麻辣感和刺涩味	麻辣感和刺涩味弱或无
水泡（取样品一小块投入水中 5～6 分钟）	膨胀发达，出现乳白色浆汁凸起，像棉花团浮在水上，酥渣溶解后沉入水底	无乳白色浆汁凸起；含有面粉者，则自行散开；含沙子、泥沙者，则沉入水底
水溶物振摇	泡沫多，持续时间长	泡沫少或无
在样品上滴加碘酒	黄褐色	如掺有面粉、豆粉则呈黑色、蓝色或黑褐色
取少许样品放在锡纸上或其他金属上，下面加热或置酒精灯上直接加热	常见有泡状物、油状物，出烟，气微腥	无泡状物，油量大，烟浓，气臭，有异味

（三）贮藏

蟾酥易发霉，短期保管可把采集加工的蟾酥放在干燥通风的地方。如发现表面霉变，用布蘸麻油揩之即可。长期保管需把采集加工的蟾酥用牛皮纸包裹装入缸内，称取 0.5 千克干石灰粉放在缸底，石灰粉上面铺几层干草或几层卫生纸，密封保存。

二、干蟾和蟾蜍皮

干燥后的蟾蜍称为干蟾。除去内脏的称干蟾皮、蟾蜍皮，也称“蟾蜍干”。

1. 采收加工

捕捉后，将蟾酥取出，晒干或烘干，剖腹除去内脏，并连同下颚及腹部一并去掉，洗去血污后用竹片将其体腔撑开晒干，或挂在通风处阴干，有条件的放烘箱上用炭火烘，随时翻动，药材制成后最好在密封箱内用硫黄熏，以免发臭。

2. 商品规格

药材呈干瘪状，拘挛抽收，纵面有棱角，四肢完整，伸缩不一，背面呈黑褐色并有瘰疣，腹面呈土褐色并有黑斑、气腥。除去内脏者则呈扁片状，腹腔内面为灰黄色，可见到骨骼及皮膜，四肢完整。气微腥，味辛。干蟾商品不分等级，以个大、形完整、无虫蛀霉变者为佳。

3. 炮制

刷去灰屑、泥土，剪去头爪，切成方块。取净干蟾，照砂烫法炒至鼓泡，微焦。或取净干蟾，在微火上燎至发泡，并有焦香味。

三、蟾蜕

蟾蜕又称蟾衣、蟾壳、蟾蜍衣等，是活蟾蜍自行蜕下的角质表皮。

1. 蟾蜍的蜕皮季节

蟾蜍每年春、夏、秋蜕皮 1～3 次，蜕皮形成一张蟾衣需 2 个月。蜕皮时间为 4～6 月份，高峰时间为 6～9 月份，一般以气温在 20℃左右适宜蜕皮。

2. 蟾蜍的蜕皮过程

大约在每年的 4 月，天气渐渐转暖，蟾蜍由冬眠转入活动期，此时开始爬出土穴或从水底淤泥中钻出，吞食鲜活昆虫或其他小动物，不久即会开始蜕皮。蟾蜍蜕皮一般在晚上进行。蟾蜍蜕皮前有多种症状，只要把握这些症状，就能轻易蜕取蟾衣。蜕皮前，蟾蜍钻出水面，爬向岸上干燥处，单独停留在清静的地方而不与其他蟾蜍在一起，并且反应迟钝，这种蟾蜍将在不长时间内蜕皮。

蟾蜍蜕皮时全身皮肤腺体分泌物增多，俗称“出汗”，体表显得潮湿光亮。蜕皮一般从背部开始。首先，蟾蜍背部肌肉收缩弓起，使后背产生一与脊柱垂直的横突起，将衣膜撑破，突起处出现纵向和横向开裂的缝隙；然后，蟾蜍以后肢为工具从背下部中间将衣膜向前向外撕扯，不断将缝隙拉大；接着，蟾蜍后肢停止运动，转而以前肢将头部的衣膜不断向前撸，犹如人脱背心状，很快蟾蜍的眼睛和嘴巴也露了出来；接着，蟾蜍又开始前后肢并用将背部、头部和腹部剩余的衣膜扯下；最后，蟾蜍用嘴巴咬住前后肢上的残余衣膜，将其扯去，从而完成了蜕皮的全过程。而蜕下的衣膜，蟾蜍并没有将其丢弃，而是边蜕边吃，很快将其吞入肚内，全程约5～10分钟。此时如能及时捡取衣膜，展开晾干，即为中药材蟾衣。

3. 蜕皮蟾蜍的选择

用于生产蟾衣的蟾蜍应为四肢齐全，健壮，无病，腹部、肢部无明显蜕皮花纹，体重在75克以上2～3岁的成年蟾蜍。从外表看，背部疙瘩多、皮肤粗糙、老化程度高，且无光泽；腹部皮肤松弛、粗糙，并且在皮肤表层有许多凸出的黑色斑点。黑色斑点凸出越多越好，用手触摸有明显感觉，这样的蟾蜍3～5天可蜕皮。有些蟾蜍在自然界中已经蜕皮，它们皮肤细腻有光泽，看上去很嫩，这些蟾蜍不能用来采蟾衣，只能用于提取蟾酥。收取蟾酥是用金属夹子、镊子之类硬器去夹或刮蟾蜍耳后腺，挤出蟾酥会伤及蟾体皮肤，甚至发炎溃烂，使蟾体极度虚弱。因此，收取蟾酥与采蟾衣不可一体化，无法在一只蟾体上兼得，除非间隔1～2个月以上。如用这种受伤蟾蜍再去行采蟾衣是很难蜕下整张蟾衣的。即使蜕下来一部分，大多也是碎衣，无药用价值。如先采蟾衣再收取蟾酥，也不合理，因为采蟾衣常常使蟾蜍体液分泌量大大减少，所以产量很低，没有取蟾酥的价值，即使强迫去挤采了一点酥，也会导致蟾蜍染病，甚至虚弱死亡。

4. 饲养设施

可在室内用玻璃围成一个2.5米×1.5米×0.6米蜕皮池，池子建成一头高一头略低，并用水泥抹平，池底的一头设下水道，池上安照明设备。

5. 蟾衣的采集

将无任何损伤，体重75克以上的蟾蜍放入蜕皮池，用清水冲洗去其体表污垢，不喂食物，在15～35℃干养，第3～5天开始自行蜕皮，第7天达到高峰。由于蟾蜍蜕皮是边蜕边吃蟾衣，所以人要守候。一般晚上后半夜是蜕皮高峰。蜕皮前，蟾蜍表现为离群，单独停留一处，反应迟钝，体表变得发亮，有时渗出黏液，腹部呈膨胀运气状。当这些症状出现后，10 分钟左右即开始蜕皮。

刚蜕下的蟾衣有黏液，应立即用清水漂洗干净，再漂展于水中，向静水中伸入一块玻璃，然后用不锈钢镊子把蟾衣放在事先准备好的长 25 厘米、宽 12 厘米的玻璃板上轻轻拉开，不要拉破，否则影响其商品质量。待蟾衣全部粘在玻璃上后即离水，连同玻璃放室内晾干或红外线消毒柜中烘干，一般九成干即为成品。经包装后密封保存或出售。蜕过皮的蟾蜍放在另一池内 2 小时，待其体干后放回养殖池内加强营养，待秋冬再取衣。

6. 蟾衣的品质标准

（1）特级　完整标本状。要求全身蜕皮完整，皮质干净、无杂质、无孔洞、无烂痕迹。

（2）一级　基本标本状，有缺口、无洞眼。要求全身蜕皮完整，皮质干净、无杂质、无孔洞、无烂痕迹。

（3）二级　条片状，薄如蝉翼，有肢爪，长 10 厘米、宽 3 厘米以上。要求全身蜕皮完整，无杂质、无孔洞、无烂痕迹。

（4）三级　无序碎片，但不太厚。

四、其他中药材

刮浆后处死的蟾蜍，除了制备干蟾外，还可以切开腹部皮肤，将皮肤与蟾体剥离，切掉头部或单取舌部，然后剖开腹腔，取出内脏，洗净后即可分别制成“蟾皮”“蟾头”“蟾肝”“蟾胆”，供加工入药。

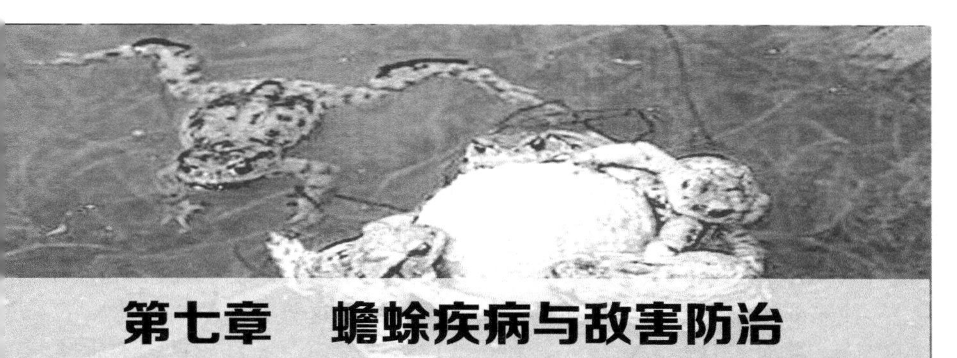

第七章　蟾蜍疾病与敌害防治

蟾蜍有一系列抵御疾病的机制。首先，蟾蜍体内具有细胞免疫和体液免疫系统，使蟾蜍具有免疫能力和抗病能力。其次，蟾蜍湿润的皮肤能分泌多种杀菌酶，这些杀菌酶甚至具有抗生素无法比拟的作用。所以，蟾蜍在野生状态下，即使生活在泥水、阴暗潮湿而肮脏的角落里，也极少生病。另外，野生蟾蜍分散活动，即使发病，相互传染的机会也较小。但当环境条件（如水质）恶化导致蟾蜍体质衰弱、受伤、抗病力减弱时，也会感染各种疾病。特别是在大密度人工养殖条件下，病原体极易在蟾蜍之间传染，一旦发病，即可导致大批死亡。因此，人工养殖蟾蜍一定要重视疾病防治工作。

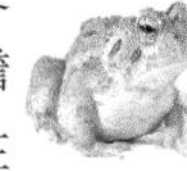

第一节　蟾蜍的疾病预防与疾病诊断

一、蟾蜍疾病发生的原因

诱发蟾蜍疾病的原因主要有两个方面：一是内因，即机体，主要表现在营养不良，抗病能力差，对环境适应能力不强；二是外因，即环境和病原体。环境较差，病原体滋生，在机体抵抗能力比较差的情况下病原体会侵入体内，使蟾蜍发病。因此，提高机体免疫力是蟾病防治的前提，改善环境、切断病原体传播途径是蟾蜍疾病防治的基础。

（一）环境

1. 水环境

决定水环境好坏的因素主要有水温、水质、酸碱度、溶氧量等。蟾蜍产卵、蝌蚪生长及越冬要求在水中进行。水温的变化直接或间接影响蟾蜍及蝌蚪的生长发育和越冬繁殖。水温时高时低，会使蝌蚪摄食明显减少，而其活动并不减少，这势必导致蝌蚪体质下降，此时一旦病原体侵入，则会造成蝌蚪发病、大量死亡。水质过肥，易造成水质败坏，为病原体大量繁殖创造条件，使蝌蚪感染疾病；水过清，则为霉菌繁殖创造了条件，容易引起霉菌类疾病。水中含有过量的磷、氮、一些重金属离子及水体不适宜的酸碱度也常会影响蝌蚪的正常生长。池底有机质过多会产生沼气，常会引起蝌蚪大批死亡。过量的氨、氮也会导致水中气体过饱和，进而引发各种疾病。

2. 陆地环境

蟾蜍一生中有 70％以上的时间是在生态条件较好的陆地环境中生活，因此其陆地养殖环境应满足蟾蜍的需要。应根据蟾蜍对栖息环境的要求如温暖、湿润、安静、无污染和无噪声等，选择适宜的场地建立蟾池。蟾池要有较宽阔的陆地供蟾栖息、活动，并种植花草、搭建遮阴棚；水泥池则要建饵料台、种植水草和搭建遮阴棚等。池塘应进水方便，排水彻底，建有围墙或围网以防逃逸和防敌害侵扰。蟾蜍生存环境要求相对较大的湿度，这种环境比较适于各种病原体生长繁殖，因此蟾蜍养殖场地的定期消毒、定期清理工作就显得非常重要。此外，还特别要保持蟾生活环境的清洁卫生，不受各种污染物的污染。在建场前要对周围环境进行调查，谨防工业粉尘、噪声、农药对蟾蜍的危害。

3. 温度

温度过高或过低，超出蟾蜍的适宜生存温度，常导致蟾蜍产生不适生理反应，机体功能下降，对疾病的抵抗力也下降，此时，疾病会乘虚而入。温度的剧烈变化也会使蟾蜍产生各种不适生理反应，进而诱发疾病。一般 4 月下旬到 5 月上旬是蝌蚪疾病高发期，盛夏是幼蟾、成蟾疾病高发期。

（二）病原体

使蟾蜍发病的病原体主要有病毒、细菌、真菌和寄生虫等。

1. 病毒

病毒寄生在寄主的细胞内，至今还没有理想的治疗方法，因此针对由病毒引起的疾病主要是预防。

2. 细菌

细菌是一类具有细胞壁的单细胞生物。严重危害蟾蜍的细菌多属于革兰氏阴性菌，在普通显微镜下可以观察到。

3. 真菌

真菌是有细胞壁的单细胞或多细胞体，多细胞体呈丝状，各分支交织成团。对蟾蜍危害比较大的是水霉菌。

4. 寄生虫

寄生虫是专营寄生生活的小动物。寄生虫消耗蟾蜍的营养，导致蟾蜍机体消瘦、体质下降，为细菌、真菌入侵提供了机会。危害蟾蜍的寄生虫种类很多，如蚂蟥、原虫、线虫、吸虫等。

（三）机体

蟾蜍的体重、体质、年龄都和疾病的发生密切相关。一般刚变态的幼蟾和年龄大的种蟾发病率较高，而青壮年蟾发病率较低。蝌蚪个体小、抵抗力差，发病率高。在高温条件下孵化出来的蝌蚪体质先天不足，畸形比例高，容易发病。

二、蟾蜍疾病的预防

在蟾蜍饲养过程中，人们一般很难及时发现蟾蜍生病，即使发现，往往已到中晚期。因此，以无病早防、有病早治的积极态度对待疾病防治工作显得尤为重要。蟾蜍疾病的预防要从内因和外因两个方面来考虑，首先要加强饲养管理，增强蟾蜍抗病力；其次要定期消毒。

（一）加强饲养管理，增强蟾蜍抗病力

1. 合理放养

放养时做到分级分池，使每个养殖池内的蟾蜍个体大小规格一致，并且放养密度适当。这样可使蟾蜍生长发育整齐，减少因出现弱小个体而发病的可能。

2. 科学投饵

提供品种多样、营养丰富、清洁卫生的饵料。饵料单一、营养不全，常常会导致蟾蜍厌食、机体消瘦、抵抗力下降，进而引发各种疾病。因此，在饲养蟾蜍的整个过程中，必须注意饵料的全面性和多样化。投喂的饵料除了要有丰富的营养外，还要注意饵料不能发霉、变质、腐败。没有吃完的饵料要及时清除，以免霉烂。变质、发霉的饵料带有不少病原体和有毒物质，常会干扰和破坏蟾蜍正常的新陈代谢，并引发各种疾病。投饵量应适当，根据蟾蜍的大小、数量、温度等情况灵活掌握，以投后1～2小时吃完为度。投饵要有固定的时间和地点（如饵料台）。

3. 调节水质

要经常换水，防止水质恶化。

4. 调节水温

防止水温过高或过低。

5. 小心操作

在捕捉、运输等操作过程中，要谨慎小心，避免蟾体受伤，受伤后要及时用高锰酸钾浸泡消毒。此外，蟾池的墙面和池底要光滑，避免擦伤蟾蜍的体表。勤巡塘、勤检查，尽早发现病害并及时采取防治措施。

6. 人工免疫

采用人工方法给蟾注射、浸泡、口服疫苗，使机体获得免疫力，提高蟾体的抗病能力。

7. 培育新品种

选育个体大、抗病力强的亲本进行人工杂交，或采用细胞融合和基因重组技术培育出生长快、抗逆性强的新品种并推广养殖。

8. 消灭或驱除敌害

敌害是蟾蜍养殖中必须时刻注意的问题，若有疏忽，便会造成经济损失。敌害主要包括水蜈蚣、猫、鸟类、鼠、蛇等，一旦发现必须尽早用药物消灭或人工驱除。

（二）定期消毒

病原体的存在是蟾蜍发病的直接原因，而消毒是控制和杀死病原体的有效方法。先是要在蟾蜍进入养殖场地以前进行彻底全面地清理消毒，然后在养殖过程中要有计划地进行定期消毒。

1. 水池消毒

在蝌蚪放养前要进行全池消毒，目的是杀灭池水和淤泥中的有害生物，改良水体和池底的生态环境，为蟾蜍繁殖和蝌蚪生长、变态提供一个优化的生态环境。

（1）干池消毒　首先将池水抽干，然后在水池内挖几个小坑，将生石灰或漂白粉倒入坑内加水溶解，趁热将其均匀地撒到池底和四壁。一般每平方米水池用生石灰 100 克左右或漂白粉 12 克左右。

（2）带水无动物消毒　将生石灰或漂白粉溶解后，立刻进行全池均匀泼洒。一般每立方米水体用漂白粉 30 克左右或生石灰 250 克左右。

无论是带水消毒还是干池消毒，用生石灰消毒的水池一定要在消毒后经过 7 天才可以使用，用漂白粉消毒的水池一定要在消毒后经过 3 天才可以使用，严禁提前使用。使用前最好先放少量蝌蚪或蟾蜍试养，在绝对安全的情况下方可大量放养。

（3）带水带动物消毒　有时对蝌蚪养殖池中的水进行消毒时无法将蝌蚪分离，必须连蝌蚪带水一起消毒，此时要严格控制用药浓度，谨防蝌蚪药物中毒。最好在用药以前进行试验，以确保用药剂量安全，无不良反应。

2. 幼蟾养殖区消毒

在幼蟾进入养殖场地以前，要进行全面、彻底消毒，可以撒生石灰或漂白粉，但是撒完生石灰或漂白粉后要过 1 周才可以把蟾蜍放入养殖场地。蟾蜍养殖中每天要按时喷水，使养殖场地保持一定的湿度。幼蟾养殖区消毒可以通过定期在日常喷淋的水里加消毒剂来完成。

3. 饵料消毒

幼蟾或蝌蚪食用带有病原体的饵料时往往会诱发疾病，同时会将病原体带入养殖区，成为新的传染源。即使暂时不发病，一旦时机成熟，病原菌就会大量繁殖，诱发疾病。因此，在给蝌蚪喂食时，尽量选新鲜的饵料，并且煮熟了以后再喂。幼蟾摄食的活饵料，在投喂前要在浓度为 5×10^{-6} 高锰酸钾溶液中浸泡 2 分钟，用清水洗干净后再喂。

4. 体表消毒

体表消毒是指将蟾蜍或蝌蚪浸浴在药水中进行消毒，以杀灭体表的病原体。消毒后的蟾池如放养未经消毒的幼蟾，又可把病原体带入蟾池，一旦条件适宜，便可大量繁殖而引发疾病。因此，从预防为主出发，切断传染途径，在放养前及分池时都应该对蟾体进行消毒，预防疾病的发生。体表消毒并非针对有病个体，即使健康的个体也要定期进行消毒，特别是刚引进的蝌蚪或种蟾，在投放之前必须进行消毒处理。方法是将蝌蚪或蟾放到网箱内，再将网箱放到盛有药水的大缸或水泥池内浸浴。消毒要有针对性，不同的病原体用不同的药物，一般常用食盐、高锰酸钾等。食盐对寄生虫和细菌杀灭效果较好，高锰酸钾对细菌、霉菌的杀灭效果较好。

5. 器具消毒

养殖场使用的所有工具，包括养殖饵料所用的工具都要进行严格的消毒。特别是在养殖场发现疫情时更要严格按操作规程对工具进行消毒处理，防止病原体通过养殖器具在各个养殖区间传播。

三、蟾蜍疾病诊断

疾病诊断的基本原则是提前发现、及时诊断、对症下药、谨防扩散。由于蟾蜍具有昼宿夜行性、低温下代谢率低等特点，使蟾蜍患病初期不易诊断，因此如果没有严格的养殖管理制度、养殖操作规程和系统养殖技术，很难在发病初期断定蟾蜍是否发病，而要做出正确的诊断就更困难了。在疾病诊断过程中要对各方面的结果进行综合分析，切忌单凭某一表象就草率做出结论。

1. 养殖记录

蟾蜍发病以后，会有很多异常反应，初期症状主要表现为活动缓慢、反应迟钝、摄饵量减少等，随着病程的深入，会出现更明显的症状，如溃烂、出血以致死亡。详尽、系统的养殖记录是发现和诊断疾病的基础，养殖人员对蝌蚪或蟾蜍每日的摄食饵料情况，活动情况及环境温度、湿度等情况都要有系统、详细的记录，发现有异常时，要马上翻阅养殖记录进行纵向、横向比较，初步确定原因，并增加观察记录次数，为最终正确、及时确诊提供依据。

2. 病体检查

对发病个体进行解剖是疾病诊断的常用手段。先检查外部有无病变，再观察其各脏器有无变化。外部观察主要包括颜色是否正常，有无寄生虫，体表黏液的多少，以及是否充血、出血、发炎、脓肿等。脏器观察主要通过剖检，仔细观察内部器官的变化，如肝、食道、胃、肠、性腺等有无颜色改变、有无出血或充血、有无溃烂或斑点、有无肿大或萎缩、黏液是否增多等。病体剖检结果是疾病诊断的重要依据，因此从事蟾蜍养殖首先要对健康、正常个体的形态结构和生活习性有比较深入、系统的了解，然后才能对发病状态下所表现出的各种异常反应做出准确的判断。

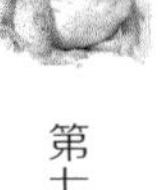

3. 观察环境

观察养殖场周围的环境有无变化，检查是否有新的污染源出现，了解水源是否受到污染，有无农药、废水排入等情况，并对水质和饵料进行检测，确定有无有害物质存在。将各种环境因子一一排查，为疾病诊断提供依据。

4. 实验检测

取濒临死亡的个体进行实验检测是最终确诊疾病的有效手段，对于以前没有记载的疑难杂症，实验检测就显得更加重要。对肉眼看不见的一些小型寄生虫如车轮虫、舌杯虫及细菌等，检查时用载玻片刮取病变组织制成水浸片，在显微镜下观察病原体以诊断疾病。可取病灶组织按常规病理组织学方法制备病理切片，为蟾蜍病的诊断提供辅助依据。必要时，可进行病原体分离，或进行免疫学诊断。

第二节　蟾蜍常见疾病的防治

一、肤霉病

肤霉病又称水霉病、白毛病，对蟾蜍从卵至成体均可危害，是继发性蟾病。

1. 病原

病原为水霉菌和绵霉菌。

2. 流行病学

该病四季都有发生，但水温在 15～20℃时发病最为严重。当水质差，天气不正常时，死的受精卵先被水霉菌感染，继而感染周围的正常卵引发肤霉病。或当蝌蚪及幼蟾和成蟾的皮肤受伤后，水霉菌通过伤口侵入蟾体而出现肤霉病。蟾卵、蝌蚪、幼蟾、成蟾均可感染水霉菌而发病，可引起蟾卵大批死亡，危害极大。该病病程长，死亡率低，多发生在四肢，如不及时治疗常会造成蟾蜍伤残，并引发其他疾病。

3. 症状

早期肉眼看不出蟾有什么异状，当肉眼能看出时，菌丝不仅侵入蟾体伤口，且已向外长出外菌丝，外菌丝似灰白色棉毛状，俗称“生毛”。常见蝌蚪尾部或蟾四肢长有肉眼可见的棉絮状白毛，伤口处发炎、红肿，致使病蟾消瘦而死亡。在蟾卵孵化过程中，此病也常发生，内菌丝侵入卵膜，卵膜外丛生大量外菌丝，故叫卵丝病；被寄生的蟾卵，因外菌丝呈放射状，故又有“太阳籽”之称。

4. 防治方法

目前尚无理想的防治方法。疾病早期治疗可全池遍撒食盐及小苏打（碳酸氢钠），浓度为400毫克/升；用10～15毫克/升的福尔马林全池泼洒2～3天；或彻底清塘消毒，保持水质清洁。在捕捉和运输蝌蚪、蟾蜍时，操作要轻微细致，避免体表损伤。受伤的蝌蚪和蟾，可用1%的紫药水涂抹伤口，或用5～10毫克/升高锰酸钾溶液浸洗30分钟后再放养。蟾卵转入孵化池之前，可用1%的食盐水浸洗10～15分钟，或用10毫克/升高锰酸钾溶液浸洗20分钟。

二、鳃霉病

1. 病原

病原为鳃霉菌。

2. 流行病学

鳃霉病流行于蝌蚪期，由鳃霉菌侵入蝌蚪鳃部而发病。主要流行于5～10月，尤以5～7月为甚。水质恶化，特别是水中有机质含量高时，容易暴发此病。在几天内可引起蝌蚪大批死亡。

3. 症状

鳃霉菌侵入鳃丝的组织中生长发育，破坏了蝌蚪鳃丝组织。患病蝌蚪失去食欲，呼吸困难，游动缓慢，鳃上有出血斑、淤血斑及缺血斑，呈现花鳃。病重时蝌蚪高度贫血，整个鳃呈灰色。鳃霉病往往表现为急性型，开始发病时，少数蝌蚪死亡，2～3天后，突然出现暴发性的大批死亡。

4. 防治方法

平常勤换水，保持水质清新。发病后要彻底换水或换池，同时用0.7毫克/升的硫酸铜与硫酸亚铁合剂（5∶2）溶液浸洗10～25分钟，或全池泼洒10～15毫克/升的福尔马林。

三、肠胃炎

1. 病原

投喂不洁饵料、暴饮暴食容易引发肠胃炎，病原为细菌，可能是气单胞菌和链球菌。

2. 流行病学

该病对处于变态过程或变态不久的蟾蜍危害极大，有的幼蟾、成蟾吃了腐烂变质的食物，也易感染发病。主要危害幼蟾和成蟾，死亡率高。

3. 症状

初期病蟾躁动不安、乱爬乱钻，不下水，常钻在池边角落，不食。后期瘫软无力，静卧池边或浅滩，惊扰时无反应。检查病蟾，可见肛门红肿，肠道充血，发炎，有腹水。

4. 防治方法

肠胃炎的发生多与水体和饵料不洁有关。因此，要定期换水，保持水质清新；注意饵料台的清洁卫生，投喂后要及时清洗饵料台，清除残饵，并定期用漂白粉消毒；不投喂腐烂变质的饵料。发病后要及时进行水体消毒，可以全池撒漂白粉，水体中浓度达到 1×10^{-6}，并在饵料中加拌磺胺类药物 3 克/千克或诺氟沙星（氟哌酸）1 克/千克；或用土霉素和强力霉素按 0.2%的量加入饵料制成药饵，每天一次，连喂 3～5 天有良好效果。

四、腐皮病

1. 病原

一般认为有两种，一是某种维生素（如维生素 A、维生素 D）缺乏而引起的营养性腐皮病；二是细菌（如奇异变形杆菌）感染伤口而继发的细菌性腐皮病。

2. 流行病学

幼蟾和成蟾可常年发生营养性腐皮病，细菌性腐皮病主要危害幼蟾。该病的死亡率高达 90%以上。

3. 症状

两种腐皮病的症状相同点是：患病初期，头部出现花纹状的白斑，接着表皮脱落，头部和吻端皮肤溃烂，如果治疗不及时，很快蔓延至身体背部、四肢等处。解剖病蟾时，发现腹部积水，内脏有不同病变。两者的区别是：营养性腐皮病常伴有烂眼症状，病蟾视力逐渐丧失，呆滞于池角阴暗处，仔细观察皮肤溃烂处可见出血现象；细菌性腐皮病主要发生于幼蟾，可见病蟾头部两眼间有条状白斑，形如硬物擦伤痕迹。

4. 防治方法

（1）营养性腐皮病　保持合理放养密度，同池蟾蜍的规格大小相近。定期换水，保持池水清洁卫生，经常用生石灰、漂白粉等消毒剂消毒饵料台和幼蟾聚集处。尽量保证饵料多样、营养全面、新鲜，并富含维生素。患病初期，可在饵料中添加适量鱼肝油，病情严重时还应全池撒漂白粉，浓度为 2 毫克/升。并同时加服抗菌药物（如土霉素，维生素 C、维生素 B_6 等），效果良好。

（2）细菌性腐皮病　治疗时可用 3 毫克/升高锰酸钾和冰醋酸合剂全池泼洒，连续 2 次有效。或用卡那霉素、庆大霉素、链霉素中的一种进行泼洒、浸泡和注射，均有良好效果。采取全池泼洒方法时，每立方米水体分别用 20 万、1.2 万、30 万单位；药浴时，每立方米水体分别用 300 万、20 万、400 万单位，浸浴 30 分钟；注射时，用量分别为每千克蟾体重 4 万～5 万单位、1 万～2 万单位、5 万～10 万单位。

五、红腿病

1. 病原

由于水体变质而杂生细菌，养殖密度过高，在捕捉、运输和转池中操作不慎使蟾受伤，继发嗜水气单胞菌及乙酸钙不动杆菌等细菌感染而引发红腿病。

2. 流行病学

该病主要危害成蟾和幼蟾，可常年发生，传染快，死亡率高，危害较大，能造成严重的经济损失。红腿病继续扩展和蔓延可发展为红斑病。

3. 症状

患病个体精神不振，活动力减弱，行动缓慢且困难，食欲不振，腿部充血发红，下肌肉充血，严重者发炎溃烂。病蟾死亡率较高。剖检时可见肠、肾、肺等内脏器官充血发红，且有出血现象。

4. 防治方法

在放养、运输、捕捉和转池过程中，操作要轻柔，勿挤压碰撞，勿使皮肤损伤；放养前做好蟾体消毒；放养密度不宜过大。水体及环境要保持清新卫生，定期更换池水和消毒。对于病蟾，可用3%食盐水或20%磺胺脒溶液浸泡15分钟左右，或用20毫克/升高锰酸钾浸泡20～30分钟，或注射庆大霉素1000国际单位。

六、车轮虫病

1. 病原

由车轮虫（图7-1）寄生于蝌蚪的体表和鳃部组织而引起车轮虫病。车轮虫体侧面呈碟状或毡帽状。顶面有一口沟，下接胞口和胞咽，口沟两侧各有一行纤毛。反口面为周围平坦、中间凹陷的附着盘。凹入处有明显的齿环和辐射线。由于齿环像车轮，该虫以反口面向上或以反口面附着于蝌蚪的鳃、皮肤上做车轮般滚动，故名车轮虫。

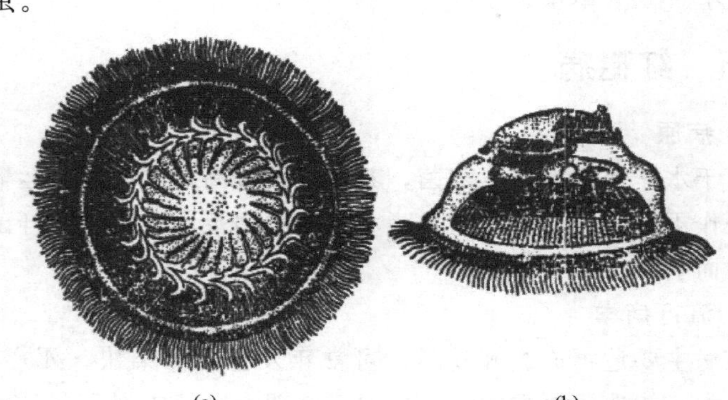

图7-1 车轮虫

(a) 虫体的反口面观；(b) 虫体的侧面观

2. 流行病学

该病流行于4～11月份，以5～8月最为流行，适宜水温为

18～28℃。常发生于放养密度过高、饵料供应不足的养殖场，主要危害蝌蚪。在全国各地都有流行，严重时可引起大批死亡。

3. 症状

肉眼可见患病蝌蚪体表出现许多青灰色的斑点，尾部发白、腐烂，鳃丝颜色变淡，黏液增多，呼吸困难，最后漂浮于水面窒息死亡。在显微镜下可观察到患病蝌蚪全身布满车轮虫。

4. 防治方法

保持水质清洁卫生，适时分池放养，保持合理养殖密度。发现病情后，即用硫酸铜与硫酸亚铁合剂（5∶2）按 0.7 毫克/米^3 浓度或单用硫酸铜按 0.7 毫克/米^3 全池泼洒，疗效极佳；或用 3%食盐水浸泡蝌蚪 15 分钟左右，可起到很好的效果。

七、斜管虫病

1. 病原

斜管虫病是由斜管虫寄生在蝌蚪的体表及鳃上引起的。

2. 流行病学

全国各地区都有流行，当大量寄生时可引起蟾大批死亡。斜管虫适宜水温为 8～18℃，因此初冬和春季是该病的流行季节。斜管虫离开蟾体后在水中自由状态下可存活 1～2 天，可直接转移到其他蝌蚪身体和水体中。

3. 症状

患病蝌蚪体色由黑褐色变成黄褐色，常浮在池边，反应十分迟钝，停食，腹部较小，陆续死亡。镜检体表黏液时，可发现大量的斜管虫。

4. 防治方法

放养蝌蚪前用 0.7 克/米^3 硫酸铜全池泼洒，进行全池消毒。适时分池放养，保持合理养殖密度，保持水质清洁卫生。发现病情后，即用硫酸铜与硫酸亚铁合剂（5∶2）0.7 毫克/升浓度全池泼洒。也可用 2%食盐水或 0.4%～0.5%福尔马林浸洗蝌蚪 5 分钟，可起到很好的效果。

八、锚头鳋病

锚头鳋病又称针虫病、铁锚虫病。

1. 病原

该病是由锚头鳋属的甲壳动物的雌虫（图 7-2）寄生于蝌蚪皮肤、鳃、鳍、眼、口腔等处引起的。

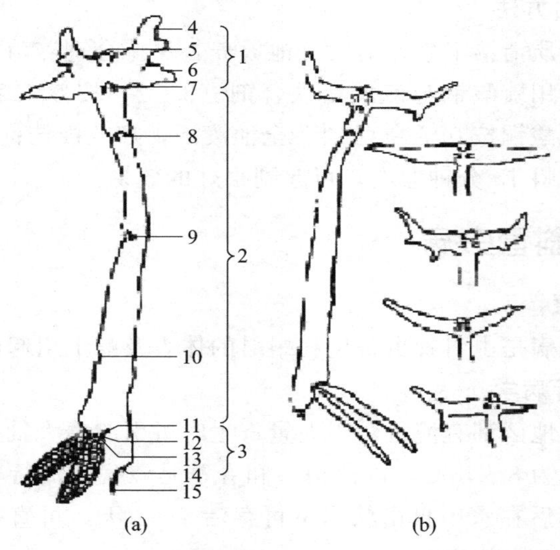

图 7-2　锚头鳋（雌鳋）身体分部示意图

1—头部；2—胸部；3—腹部；4—腹角；5—头叶；6—背角；7～11—第一至第五游泳足；12—生殖节前突起；13—排卵孔；14—尾叉；15—卵囊

2. 流行病学

该病流行于 4～7 月份，当水质条件差，蝌蚪抵抗力低时易发。该病对蝌蚪的危害非常严重。水温在 15～23℃之间时，锚头鳋均可繁殖。具有此水温的季节即为该病的流行季节。华南地区春、夏、秋三季都能流行；长江流域以秋季较为严重。

3. 症状

锚头鳋寄生于蝌蚪胴体与尾交界处的略微凹陷部分，虫体头部

深深钻入蝌蚪组织中（其余部分则留在蝌蚪的体表），致使寄生部位组织损伤、发炎，形成溃疡，严重时溃烂，进而导致细菌、水霉菌的继发感染。当蝌蚪身上寄生 1～2 只锚头鳋时，蝌蚪就会生长停滞，以致消瘦死亡；寄生 3～4 只时，蝌蚪会很快死亡。有时虫体寄生在蝌蚪的眼和口腔内，影响蝌蚪的摄食。

4. 防治方法

加强管理，保持水质清洁卫生；用 5 毫克/升高锰酸钾溶液浸泡 10～20 分钟，每天浸泡 1 次，连续 2～3 天，虫体在 2 周以后陆续死亡。当蝌蚪出现浮头现象时，立即用清水清洗掉鳃上少量被氧化的黏液和沉积的微量二氧化锰，以保证鳃的正常呼吸。

九、气泡病

1. 病原

气泡病是由水中某种气体达到过饱和状态引起的。如不及时抢救，可引起蝌蚪大批死亡。

2. 流行病学

该病是蝌蚪的常见病，发病迅速，一般蝌蚪越小越敏感，如不及时抢救，死亡率极高。在高温季节，水质较肥的蟾池容易发生该病，应特别小心。

3. 症状

最初蝌蚪感到不舒服，在水面做混乱无力游动，不久蝌蚪体表及体内出现气泡，当气泡不大时，蝌蚪还能反抗水体浮力而向下游动，但身体已失去平衡，尾向上、头向下，时游时停。随着气泡的增大及体力的消耗，蝌蚪失去自由游动能力而浮在水面，不久即死。解剖及用显微镜检查，可见鳃、皮肤及内脏的血管内或肠内含有大量气泡，引起堵塞而死。

4. 防治方法

注意水源，不用含气泡的水；池中腐殖质不应过多，不用未经发酵的肥料；平时掌握投饵量及施肥量；注意水质，不使浮游植物繁殖过多；投喂干粉饵料时，要充分浸泡润湿。发现该病时及时加注新水，可有效防止病情的进一步发展。必要时配合使用食盐，用 4 毫克/升食盐水全池均匀泼洒，然后投喂煮熟的麸皮或添加酵母片（0.5 克/1000 尾蝌蚪），通过消化排出肠内气体，恢复健康。

十、脱肛病

1. 病原

病因不明。

2. 流行病学

该病主要危害成蟾，气温转暖时常有发生。

3. 症状

病蟾食欲减退，行动不便，体质消瘦，直肠外露于泄殖腔（肛门口）之外 1～2 厘米，并由此继发细菌感染。

4. 防治方法

隔离病蟾。首先用消毒剂洗净后，再用冷开水洗净外露直肠，立即塞入泄殖腔内，然后将病蟾放入隔离的清水池（盆）中精心护理，减少其活动，防止被同类残害。

十一、由藻类引起的疾病

1. 病原

病原为青泥苔、微囊藻、水网藻和甲藻等。

2. 流行病学

青泥苔、微囊藻、水网藻和甲藻等杂藻及孢子随灌水或投放水草和天然饵料时被带进池中。

3. 症状

每年春季，各类藻类的孢子萌发成头发丝似的藻类，占据蟾池空间，吸收水中营养，使池水变清，影响生物饵料的繁殖，严重影响蝌蚪的生长。蝌蚪一旦游入其中，常被藻丝缠住，蝌蚪会因无力挣脱而死亡。在繁殖盛期，蝌蚪身上都长满了藻丝，严重影响其生长。水网藻的危害比青泥苔严重，甲藻危害中等。蝌蚪吞食甲藻后会中毒死亡。

4. 防治方法

当蟾池中出现甲藻时，用 0.7 毫克/升硫酸铜溶液全池泼洒，能杀灭甲藻；蝌蚪放养前，每亩用生石灰 50～70 千克清塘或池，可杀灭青泥苔和水网藻，也可每亩撒 50 千克草木灰于青泥苔和水网藻上，青泥苔和水网藻因照射不到太阳无法进行光合作用而死亡；已放养蝌蚪的塘或池，可用 0.7 毫克/升硫酸铜溶液全池泼洒，能有效杀灭青泥苔和水网藻。

十二、弯体病

1. 病原

新辟的养殖池，土壤及水体中的重金属盐类，刺激蝌蚪的神经和肌肉所致，或者是缺乏钙和维生素等营养物质而引发。

2. 流行病学

该病多发生于新建的蟾池，发病率不高，但死亡率较高，多发于 6～7 月。

3. 症状

患病的蝌蚪身体呈“S”形，出现畸形。严重时引起死亡。

4. 防治方法

新建蟾池或塘要用清水浸泡半个月以上，其间多次换水，降低重金属盐的含量；全池匀撒乙二胺四乙酸钠盐，终浓度为 1～2 毫克/升，螯合去除重金属盐。平时要加强管理，勤换水以改良水质，要喂一些含钙的和营养丰富的饵料。

十三、厌食病

1. 病原

厌食病主要是幼蟾和成蟾频繁受到惊扰，换池，以及长期投喂单一饵料所引起的。

2. 流行病学

该病多发生于幼蟾和成蟾，发病率较低，死亡率也较低。

3. 症状

蟾蜍很少进食或停食，蟾体消瘦，生长速率极低，严重影响蟾的生长发育。

4. 防治方法

确保养殖场环境安静，不随意下池捕捉蟾蜍；消毒、清除残饵等操作时，尽量不惊扰蟾蜍；蟾蜍最好自始至终养殖在其熟悉的环境中；投喂饵料多样化。当蟾蜍出现厌食现象时，可投喂其喜欢的活动性较强的饵料（如蝼蛄等），诱其捕食，消除厌食情绪。

第三节　蟾蜍的敌害

一、水蜈蚣及龙虱

水蜈蚣又称水夹子，为鞘翅目昆虫龙虱（图 7-3）的幼虫。水

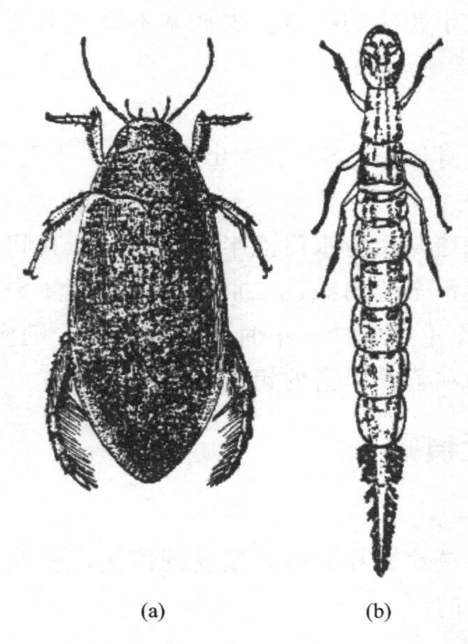

图 7-3　龙虱

（a）成虫；（b）幼虫——水蜈蚣

蜈蚣虫体呈圆柱形，体长约1.5～5.4厘米。头部有一对钳形大颚，性情凶猛。成虫呈椭圆形，长约4厘米，宽约2厘米。身体除触角、足、前胸两侧和鞘的边缘为黄褐色外，其余均为黑褐色（见图7-3）。

1. 危害

龙虱成虫和幼虫都系肉食性，成虫白天栖息于水边捕食蝌蚪，晚间可飞到其他池。水蜈蚣比成虫凶猛贪食，一条水蜈蚣一晚可吃掉6～10尾4厘米长的蝌蚪，尤以2～3厘米的蝌蚪受害最重。蝌蚪饲养季节正是水蜈蚣繁殖盛季，其危害甚为严重。

2. 防治方法

蝌蚪放养前，每亩用生石灰50～70千克清池，可以杀灭水蜈蚣；养殖池注水时，要用密网过滤，防止龙虱随水进入。一旦发现蟾池中有水蜈蚣，可用网捞起杀死，或用0.5～0.7毫克/升的90%晶体敌百虫全池泼洒，24小时内可杀死。

二、红娘华

红娘华又称水蝎，体长约30～40毫米，身体扁而狭长。通常呈黄褐色，头小有复眼一对，口吻锐利，口器吮吸式，前足发达如镰刀状，中足与后足细长，行动缓慢。其相似种还有蝎蝽、螳蝽、小螳蝽等（见图7-4）。

1. 危害

常隐存水草丛中，突然捕捉食物，主要危害小蝌蚪。

2. 防治方法

与龙虱相同。

三、田鳖

田鳖（见图7-5）体长65～70毫米。体呈暗褐色。体扁平，背面观卵圆形。头小，呈三角形，前足胫节粗大而向外扩张。跗节1节，末端有锋利的长爪，借以攻击捕获食物。后足粗扁平。腹部6节，末端具有一对短而能伸缩的呼吸管，常爬到近水面处伸出尾端

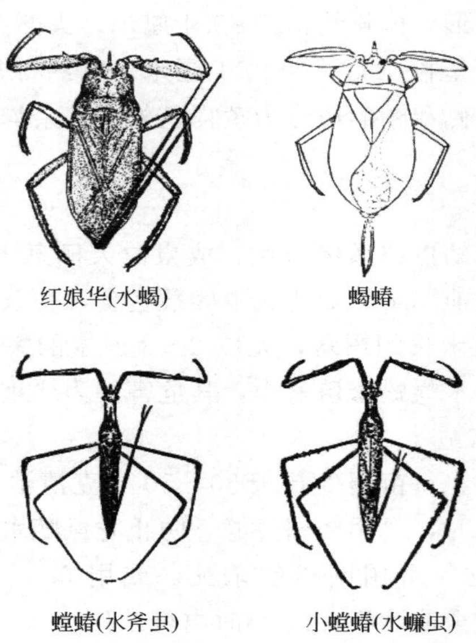

图 7-4　红娘华及其相似种

图 7-5　田鳖

的呼吸管进行呼吸。白天潜藏在水草间或树枝等处，夜间飞出水面而飞翔。

1. 危害

捕食各种水生动物，包括蝌蚪、幼蟾和小鱼等，也食鱼卵。捕食时先麻醉食物，刺吸血液，后食其肉体。产卵于水生植物或木片、树枝等上面。

2. 防治方法

与龙虱相同。

四、蚂蟥

蚂蟥又称水蛭，属环节动物门。

1. 危害

蚂蟥寄生于蝌蚪及幼蟾体表，汲取蝌蚪和蟾蜍的血液，影响其生长发育，且损伤皮肤使其易感染其他病原体而发病，严重时可使其死亡。

2. 防治方法

目前尚无既能杀死蚂蟥又能保存蝌蚪和蟾的有效方法，主要防治方法是保持水质清洁，定期用生石灰全池泼撒。

五、蛙类

常见种类有金线蛙、黑斑蛙等。

1. 危害

蛙的成体或蝌蚪可对养殖蟾蜍构成危害。

2. 防治方法

在投放养殖蝌蚪前，每亩用生石灰50～70千克清塘，可有效杀死蛙类的卵和蝌蚪；加强巡塘并捕捉或捞除有害蛙类的卵和蝌蚪。

六、蛇

1. 危害

蛇部分时间在水中生活，捕食蟾蜍及蝌蚪，危害较为严重。有些蛇类在陆地上捕食幼蟾。

2. 防治方法

应将蟾场四周的蛇洞堵死，一旦发现即将其杀死或驱赶。

参 考 文 献

[1] 高本刚，余茂耘. 有毒与泌香动物养殖利用. 北京：化学工业出版社，2005.

[2] 费梁，叶昌媛，等. 中国两栖动物检索及图解. 成都：四川科学技术出版社，2004.

[3] 费梁. 中国两栖动物图鉴. 郑州：河南科学技术出版社，2000.

[4] 李顺才. 蟾酥的采收，加工及其真伪鉴别. 农村实用科技信息，1997 (3)：19.

[5] 李顺才. 采集蟾酥正适时. 农家参谋，1997 (7)：13.

[6] 李顺才. 经济蛙类的繁殖学特性（内部资料）.

[7] 吴泽君，谭同来. 动物类中药的鉴别与临床应用. 太原：山西科学技术出版社，2009.

[8] 朱良春. 虫类药的应用（增订本）. 太原：山西科学技术出版社，1994.

[9] 叶昌媛，费梁，胡淑琴. 中国珍稀及经济两栖动物. 成都：四川科学技术出版社，1993.

[10] 杨安峰. 脊椎动物学（修订本）. 北京：北京大学出版社，1992.

[11] 王琦. 蟾蜍养殖与利用. 北京：金盾出版社，2002.

[12] 李鹄鸣，王菊凤. 经济蛙类生态学及养殖工程. 北京：中国林业出版社，1995.

[13] 肖培根. 新编中药志（第四册）. 北京：化学工业出版社，2002.

[14] 国家中医药管理局《中华本草》编委会. 中华本草（第九册）. 上海：上海科学技术出版社，1999.

[15] 王凤，白秀娟. 食用蛙类的人工养殖和繁育技术. 北京：科学技术文献出版社，2011.

[16] 徐桂耀，等. 牛蛙养殖. 北京：科学技术文献出版社，1999.